주요과목 핸드북

Contents

PART 01	산업재해 예방 및 안전보건교육	002
PART 02	인간공학 및 위험성 평가 · 관리	078
PART 03	건설재료	109
PART 04	건설시공	148
PART 05	건설공사 안전관리	191

PART 01 산업재해 예방 및 안전보건교육

제1장 산업재해예방계획 수립

1. 중대 재해 ☆☆☆

① 사망자가 1인 이상 발생한 재해
② 3개월 이상 요양을 요하는 부상자가 동시에 2인 이상 발생한 재해
③ 부상자 또는 직업성 질병자가 동시에 10인 이상 발생한 재해

2. 페일세이프(Fail safe) ☆☆☆

인간 또는 기계의 실패가 있어도 안전사고를 발생시키지 않도록 2중, 3중 통제를 가함
① 페일세이프(Fail safe) : 기계의 고장이 있어도 안전사고를 발생시키지 않도록 2중, 3중 통제를 가함
② 풀-프루프(Fool proof) : 인간의 실수가 있어도 안전사고를 발생시키지 않도록 2중, 3중 통제를 가함

3. 하인리히 사고방지 5단계 ☆☆

1단계 : 안전조직	• 안전목표 설정 • 안전조직 구성 • 조직을 통한 안전 활동 전개	• 안전관리자의 선임 • 안전활동 방침 및 계획수립
2단계 : 사실의 발견	• 작업분석 • 사고조사	• 점검 • 안전진단
3단계 : 분석	• 사고원인 및 경향성 분석 • 사고기록 및 관계자료 분석	• 작업공정 분석 • 인적·물적 환경 조건 분석
4단계 : 시정방법 선정	• 기술적 개선 • 교육훈련 분석 • 배치 조정	• 안전운동 전개 • 안전행정의 개선 • 규칙 및 수칙 등 제도의 개선
5단계 : 시정책 적용(3E적용)	• 안전교육(Education) • 안전독려(Enforcement)	• 안전기술(Engineering)

4. 하인리히(H. W. Heinrich) 사고발생 도미노 5단계 ✯✯

1단계	선천적 결함(사회, 환경, 유전적 결함)
2단계	개인적 결함
3단계	불안전 행동(인적결함), 불안전한 상태(물적결함) : 제거가능
4단계	사고
5단계	재해(상해)

5. 버드(Frank. E. Bird)의 연쇄성이론 5단계 ✯✯

1단계	2단계	3단계	4단계	5단계
제어부족 (관리 부재)	기본원인 (기원)	직접원인 (징후)	사고(접촉)	상해(손실)

6. 아담스(Edward Adams) 연쇄성이론 5단계 ✯✯

1단계	2단계	3단계	4단계	5단계
관리구조	작전적 에러	전술적 에러	사고	상해

7. 자베타키스(Micheal Zabetakis)의 이론

1단계	2단계	3단계
안전정책과 결정	개인적인 요소	환경적 요소

8. 웨버의 연쇄성 이론

1단계	2단계	3단계	4단계	5단계
사회적 환경 및 유전적 요소 (유전과 환경)	인간의 결함 (개인적 결함)	불안전 행동 및 상태	사고	상해

9. 사고빈도법칙 ✯✯

(1) **하인리히 1 : 29 : 300의 법칙** : 총 330건의 사고를 분석했을 때

중상 또는 사망 : 1건

경상해 : 29건

무상해사고(물적 손실) : 300건이 발생함을 의미한다.

(2) 버드의 1 : 10 : 30 : 600의 법칙 : 총 641건의 사고를 분석했을 때
  중상 또는 폐질 : 1건
  경상해 : 10건
  무상해사고(물적 손실) : 30건
  무상해, 무사고(위험 순간) : 600건이 발생함을 의미한다.

10. J·H Harvey(하비)의 3E

① 안전 교육(Education)
② 안전 기술(Engineering)
③ 안전 독려(Enforcement)(강제, 관리, 규제, 감독)

11. 3S

① 단순화(Simplification)   ② 표준화(Standardization)
③ 전문화(Specification)   ④ 총합화(Synthesization) → 4S

12. 안전관리 4-Cycle(P-D-C-A)

1단계	2단계	3단계	4단계
계획(Plan)	실시(Do)	검토(check)	조치(Action)

13. 인간에러(휴먼 에러)의 배후요인(4M)

① Man(인간) : 본인외의 사람, 직장의 인간관계 등
② Machine(기계) : 기계, 장치 등의 물적 요인
③ Media(매체) : 작업정보, 작업방법 등
④ Management(관리) : 작업관리, 법규준수, 단속, 점검 등

14. 무재해 운동의 3대 원칙

① 무(無)의 원칙(ZERO의 원칙) : 사업장 내의 모든 잠재위험요인을 적극적으로 사전에 발견하고 파악·해결함으로써 산업재해의 근원적인 요소들을 없앤다는 것을 의미한다.
② 선취의 원칙(안전제일의 원칙) : 사업장 내에서 행동하기 전에 잠재위험요인을 발견하고 파악·해결하여 재해를 예방하는 것을 의미한다.
③ 참가의 원칙(참여의 원칙) : 작업에 따르는 잠재위험요인을 발견하고 파악·해결하기 위하여 전원이 일치 협력하여 각자의 위치에서 적극적으로 문제해결을 하겠다는 것을 의미한다.

(1) 무재해 운동의 3요소 ✮✮
　① 최고 경영자의 경영자세
　② 라인관리자에 의한 안전보건 추진
　③ 직장의 자주 안전 활동 활성화

15. 무재해 소집단활동

(1) 브레인스토밍(Brain storming)의 4원칙 ✮✮

인간의 잠재의식을 일깨워 자유로이 아이디어를 개발하자는 토의식 아이디어 개발 기법이다.

비판금지	좋다, 나쁘다 비판은 하지 않는다.
자유분방	마음대로 자유로이 발언한다.
대량발언	무엇이든 좋으니 많이 발언한다.
수정발언	타인의 생각에 동참하거나 보충 발언해도 좋다.

(2) T.B.M(Tool Box Meeting) : 즉시 적응법 ✮ (단시간 미팅 즉시 적응훈련)
　① 재해를 방지하기 위해 현장에서 그때그때의 상황에 맞게 적응하여 실시하는 활동으로 단시간 미팅 즉시 적응훈련이라 한다.
　② 작업 전, 종료 시 5~10분간 작업자 3~5인이 조를 이뤄 작업 시 위험요소에 대하여 말하는 방식이다.

(3) 안전 확인 5지 운동
　① 모지(마음)　　　　　　② 시지(복장)
　③ 중지(규정)　　　　　　④ 약지(정비)
　⑤ 새끼손가락(확인)

(4) 5C운동 ✮
　① 복장단정(Correctness)　　② 정리정돈(Clearance)
　③ 청소청결(Cleaning)　　　　④ 점검확인(Checking)

16. 위험예지 훈련 4단계 ✩✩

1단계 : 현상 파악	• 어떤 위험이 잠재하고 있는가? • 전원이 대화로써 도해 상황속의 잠재위험요인을 발견하고 그 요인이 초래할 수 있는 사고를 생각해내는 단계
2단계 : 요인조사 (본질추구)	• 이것이 위험의 포인트다. • 발견해 낸 위험 중 가장 위험한 것을 합의로서 결정하는 단계
3단계 : 대책수립	• 당신이라면 어떻게 할 것인가? • 중요위험요인을 해결하기 위한 대책을 세우는 단계
4단계 : 행동목표 설정 (합의요약)	• 우리들은 이렇게 하자! • 대책 중 중점 실시항목을 합의 요약해서 그것을 실천하기 위한 행동목표를 설정하는 단계

17. 안전보건관리조직

(1) 라인형(Line) or 직계형 ✩✩

① 소규모 사업장(100명 이하 사업장)에 적용이 가능하다.
② 라인형 장점 : 명령 및 지시가 신속, 정확하다.
③ 라인형 단점 : 안전정보가 불충분하며 라인에 과도한 책임이 부여될 수 있다.
④ 생산과 안전을 동시에 지시하는 형태

(2) 스태프형(staff) or 참모형 ✩✩

① 중규모 사업장(100 ~ 1,000명 정도의 사업장)에 적용이 가능하다.
② 스태프형 장점 : 안전정보 수집이 용이하고 빠르다.
③ 스태프형 단점 : 안전과 생산을 별개로 취급한다.

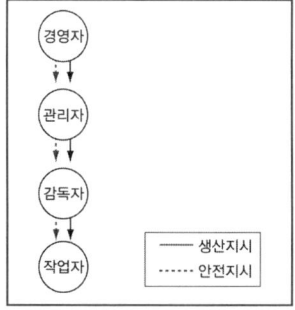

[라인형(Line) or 직계형]

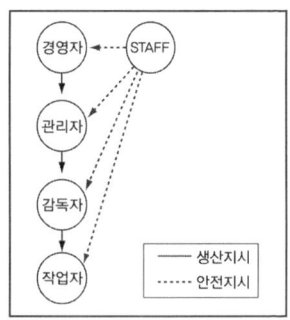

[스태프형(staff) or 참모형]

(3) 라인 스태프형(Line Staff) or 혼합형 ★★

① 대규모 사업장(1,000명 이상 사업장)에 적용이 가능하다.
② 라인 스태프형 장점
  ㉠ 안전전문가에 의해 입안된 것을 경영자가 명령하므로 **명령이 신속, 정확하다.**
  ㉡ 안전정보 수집이 용이하고 **빠르다.**
③ 라인 스태프형 단점
  ㉠ **명령계통과 조언, 권고적 참여의 혼돈이 우려된다.**
  ㉡ 스태프의 월권행위가 우려되고 지나치게 스태프에게 의존할 수 있다.

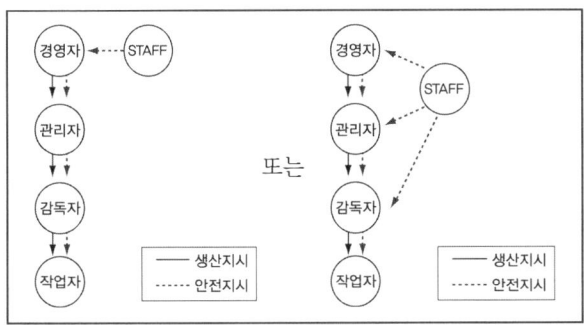

18. 법상 안전 보건 조직 체계

(1) 안전관리자의 선임방법 ★★

① 토사석 광업 ② 서적, 잡지 및 기타 인쇄물 출판업, 폐기물 수집·운반·처리 및 원료 재생업, 환경 정화 및 복원업, 운수 및 창고업, 자동차 종합 수리업, 자동차 전문 수리업, 발전업 ③ 대부분의 제조업	- 상시 근로자 50명 이상 500명 미만 : 1명 이상 - 상시 근로자 500명 이상 : 2명 이상

① 우편 및 통신업 ② 전기, 가스, 증기 및 공기조절 공급업(발전업은 제외한다) ③ 도매 및 소매업 ④ 숙박 및 음식점업 ⑤ 공공행정(청소, 시설관리, 조리 등 현업업무에 종사하는 사람으로서 고용노동부장관이 정하여 고시하는 사람으로 한정한다) ⑥ 교육서비스업 중 초등·중등·고등 교육기관, 특수학교·외국인학교 및 대안학교(청소, 시설관리, 조리 등 현업업무에 종사하는 사람으로서 고용노동부장관이 정하여 고시하는 사람으로 한정한다) ⑦ 농업, 임업 및 어업 등	- 상시 근로자 50명 이상 1,000명 미만 : 1명 (다만, 부동산업(부동산 관리업은 제외한다)과 사진처리업의 경우에는 상시근로자 100명 이상 1천명 미만으로 한다) - 상시 근로자 1,000명 이상 : 2명
건설업	- 공사금액 50억 원 이상(관계수급인은 100억 원 이상) 120억 원 미만 (토목공사업의 경우에는 150억원 미만) 또는 공사금액 120억 원 이상(토목공사업의 경우에는 150억원 이상) 800억 원 미만 : 1명 이상 - 공사금액 800억 원 이상 1,500억 원 미만 : 2명 이상(다만, 전체 공사기간을 100으로 할 때 공사 시작에서 15에 해당하는 기간과 공사 종료 전의 15에 해당하는 기간 동안은 1명 이상으로 한다) - 공사금액 1,500억 원 이상 2,200억 원 미만 : 3명 이상 (다만, 전체 공사기간 중 전·후 15에 해당하는 기간은 2명 이상으로 한다) - 공사금액 2,200억 원 이상 3천억 원 미만 : 4명 이상 (다만, 전체 공사기간 중 전·후 15에 해당하는 기간은 2명 이상으로 한다) - 공사금액 3천억 원 이상 3,900억 원 미만 : 5명 이상(다만, 전체 공사기간 중 전·후 15에 해당하는 기간은 3명 이상으로 한다) - 공사금액 3,900억 원 이상 4,900억 원 미만 : 6명 이상 (다만, 전체 공사기간 중 전·후 15에 해당하는 기간은 3명 이상으로 한다) - 공사금액 4,900억 원 이상 6천억 원 미만 : 7명 이상(다만, 전체 공사기간 중 전·후 15에 해당하는 기간은 4명 이상으로 한다) - 공사금액 6천억 원 이상 7,200억 원 미만 : 8명 이상(다만, 전체 공사기간 중 전·후 15에 해당하는 기간은 4명 이상으로 한다) - 공사금액 7,200억 원 이상 8,500억 원 미만 : 9명 이상 (다만, 전체 공사기간 중 전·후 15에 해당하는 기간은 5명 이상으로 한다)

건설업	- 공사금액 8,500억 원 이상 1조 원 미만 : 10명 이상(다만, 전체 공사기간 중 전·후 15에 해당하는 기간은 5명 이상으로 한다) - 1조 원 이상 : 11명 이상[매 2천억 원(2조원 이상부터는 매 3천억 원)마다 1명씩 추가한다]. 다만, 전체 공사기간 중 전·후 15에 해당하는 기간은 선임 대상 안전관리자 수의 2분의 1(소수점 이하는 올림한다) 이상으로 한다)

(2) 선임대상 ✭✭

안전관리자 (전담)	① 상시근로자 300인 이상 사업장 ② 건설업 : 공사금액 120억 원(토목공사 : 150억 원) 이상인 사업장
산업안전 보건위원회	① 상시근로자 50인 이상 사업장부터 ② 건설업 : 공사금액 120억 원(토목공사 : 150억 원) 이상인 사업장
노사협의체	공사금액 120억 원(토목공사 : 150억 원) 이상인 건설업(도급공사인 경우)
안전보건 관리책임자	① 상시근로자 50인 이상 사업장부터 ② 총 공사금액 20억 원 이상인 건설업
안전보건 총괄책임자	① 관계수급인 포함 상시근로자 100명 이상(선박 및 보트 건조업, 1차 금속 제조업 및 토사석 광업 50명)인 사업 ② 관계수급인 포함 공사금액 20억 원 이상인 건설업
안전보건 관리담당자	상시근로자 20명 이상 50명 미만인 사업장 1. 제조업 2. 임업 3. 하수, 폐수 및 분뇨 처리업 4. 폐기물 수집, 운반, 처리 및 원료 재생업 5. 환경 정화 및 복원업 제임! - 재 임용하자. 하·폐수, 분뇨 폐기하고 원료 재생하여 환경 정화·복원 담당자(안전보건관리담당자)
안전보건 조정자	각 건설공사의 금액의 합이 50억 원 이상인 경우로서 2개 이상의 건설공사가 같은 장소에서 행해지는 경우

(3) 산업안전보건위원회를 설치·운영해야 할 사업의 종류 및 규모 ✖✖

사업의 종류	규모
1. 토사석 광업 2. 목재 및 나무제품 제조업 ; 가구제외 3. 화학물질 및 화학제품 제조업 ; 의약품 제외(세제, 화장품 및 광택제 제조업과 화학섬유 제조업은 제외한다) 4. 비금속 광물제품 제조업 5. 1차 금속 제조업 6. 금속가공제품 제조업 ; 기계 및 가구 제외 7. 자동차 및 트레일러 제조업 8. 기타 기계 및 장비 제조업(사무용 기계 및 장비 제조업은 제외한다) 9. 기타 운송장비 제조업(전투용 차량 제조업은 제외한다)	상시 근로자 50명 이상

실패가 되라! 합격이 되라! 특급 **암기법**

토사석 광업에서 캔 1차금속으로 금속가공제품, 비금속 광물제품 제조하여 나무, 화학물질 섞어서 기계장비, 자동차 트레일러 만들어 운송장비 위원회(산업안전보건위원회) 열자. ✖✖✖

10. 농업 11. 어업 12. 소프트웨어 개발 및 공급업 13. 컴퓨터 프로그래밍, 시스템 통합 및 관리업 13의 2. 영상·오디오물 제공 서비스업 14. 정보서비스업 15. 금융 및 보험업 16. 임대업 ; 부동산 제외 17. 전문, 과학 및 기술 서비스업(연구개발업은 제외한다) 18. 사업지원 서비스업 19. 사회복지 서비스업	상시 근로자 300명 이상
20. 건설업	공사금액 120억 원 이상 (토목공사업 : 150억 원 이상)
21. 제1호부터 제20호까지의 사업을 제외한 사업	상시 근로자 100명 이상

(4) 산업안전보건위원회 및 노사협의체의 심의·의결 사항 ✖

① 산업재해 예방계획의 수립에 관한 사항
② 안전보건관리규정의 작성 및 변경에 관한 사항
③ 근로자의 안전·보건교육에 관한 사항
④ 작업환경측정 등 작업환경의 점검 및 개선에 관한 사항

⑤ 근로자의 건강진단 등 건강관리에 관한 사항
⑥ 중대재해의 원인 조사 및 재발 방지대책 수립에 관한 사항
⑦ 산업재해에 관한 통계의 기록 및 유지에 관한 사항
⑧ 유해하거나 위험한 기계·기구·설비를 도입한 경우 안전·보건조치에 관한 사항
⑨ 그 밖에 해당 사업장 근로자의 안전 및 보건을 유지·증진시키기 위하여 필요한 사항

[산업안전보건위원회와 노사협의체 ✄✄✄]

구성		운영	
산업안전보건위원회	노사협의체	산업안전보건위원회	노사협의체
1. 근로자위원 ① 근로자대표 ② 근로자대표가 지명하는 1명 이상의 명예산업안전감독관 ③ 근로자대표가 지명하는 9명 이내의 해당 사업장의 근로자	1. 근로자위원 ① 도급 또는 하도급 사업을 포함한 전체 사업의 근로자대표 ② 근로자대표가 지명하는 명예산업안전감독관 1명 (다만, 명예산업안전감독관이 위촉되어 있지 아니한 경우에는 근로자대표가 지명하는 해당 사업장 근로자 1명) ③ 공사금액이 20억 원 이상인 공사의 관계수급인의 근로자대표	1. 정기회의 : 분기마다 2. 임시회의 : 위원장이 필요하다 인정할 때	1. 정기회의 : 2개월마다 2. 임시회의 : 위원장이 필요하다 인정할 때
2. 사용자위원 ① 해당 사업의 대표자 ② 안전관리자 1명 ③ 보건관리자 1명 ④ 산업보건의 ⑤ 사업의 대표자가 지명하는 9명 이내의 해당 사업장 부서의 장	2. 사용자위원 ① 도급 또는 하도급 사업을 포함한 전체 사업의 대표자 ② 안전관리자 1명 ③ 보건관리자 1명 (보건관리자 선임 대상 건설업으로 한정) ④ 공사금액이 20억 원 이상인 공사의 관계수급인의 사업주		

서류보존기간
산업안전보건위원회 및 노사협의체에 따른 회의록 : 2년

(5) 도급사업 시의 산업재해를 예방하기 위한 조치 ✦

① 도급인과 수급인을 구성원으로 하는 안전 및 보건에 관한 협의체의 구성 및 운영
② 작업장 순회점검

2일에 1회 이상	① 건설업 ② 제조업 ③ 토사석 광업 ④ 서적, 잡지 및 기타 인쇄물 출판업 ⑤ 음악 및 기타 오디오물 출판업 ⑥ 금속 및 비금속 원료 재생업
1주일에 1회 이상	그 밖의 사업

③ 관계수급인이 근로자에게 하는 안전보건교육을 위한 장소 및 자료의 제공 등 지원
④ 관계수급인이 근로자에게 하는 안전보건교육의 실시 확인
⑤ 경보체계 운영과 대피방법 등 훈련
⑥ 수급인에게 위생시설 설치 등을 위하여 필요한 장소의 제공 또는 도급인이 설치한 위생시설 이용의 협조

(6) 도급금지 작업

> 작업을 도급하여 자신의 사업장에서 수급인의 근로자가 작업을 하도록 해서는
> 아니 되는 작업(도급금지 작업) ✦

① 도금작업
② 수은, 납 또는 카드뮴을 제련, 주입, 가공 및 가열하는 작업
③ 허가대상물질을 제조하거나 사용하는 작업

19. 안전보건 조직의 안전직무

(1) 안전보건총괄책임자의 직무 ✦✦✦✦

① 산업재해가 발생할 급박한 위험이 있을 때 및 중대재해가 발생하였을 때의 작업의 중지
② 도급 시 산업재해 예방조치
③ 산업안전보건관리비의 관계수급인 간의 사용에 관한 협의·조정 및 그 집행의 감독
④ 안전인증대상 기계 등과 자율안전확인대상 기계 등의 사용 여부 확인
⑤ 위험성평가의 실시에 관한 사항

(2) 안전보건관리책임자 직무 ✿✿✿

① 산업재해 예방계획의 수립에 관한 사항
② 안전보건관리규정의 작성 및 변경에 관한 사항
③ 근로자의 안전·보건교육에 관한 사항
④ 작업환경 측정 등 작업환경의 점검 및 개선에 관한 사항
⑤ 근로자의 건강진단 등 건강관리에 관한 사항
⑥ 산업재해의 원인 조사 및 재발 방지대책 수립에 관한 사항
⑦ 산업재해에 관한 통계의 기록 및 유지에 관한 사항
⑧ 안전장치 및 보호구 구입 시 적격품 여부 확인에 관한 사항
⑨ 위험성평가의 실시에 관한 사항
⑩ 근로자의 위험 또는 건강장해의 방지에 관한 사항

(3) 안전관리자 직무 ✿✿✿

① 사업장 안전교육계획의 수립 및 안전교육 실시에 관한 보좌 및 조언·지도
② 사업장 순회점검·지도 및 조치의 건의
③ 산업재해 발생의 원인 조사·분석 및 재발 방지를 위한 기술적 보좌 및 조언·지도
④ 산업재해에 관한 통계의 유지·관리·분석을 위한 보좌 및 조언·지도
⑤ 안전인증대상 기계·기구 등과 자율안전 확인대상 기계·기구 등 구입 시 적격품의 선정에 관한 보좌 및 조언·지도
⑥ 위험성평가에 관한 보좌 및 조언·지도
⑦ 안전에 관한 사항의 이행에 관한 보좌 및 조언·지도
⑧ 산업안전보건위원회 또는 노사협의체, 안전보건관리규정 및 취업규칙에서 정한 직무
⑨ 업무수행 내용의 기록·유지
⑩ 그 밖에 안전에 관한 사항으로서 노동부장관이 정하는 사항

(4) 안전보건관리담당자 직무 ✿✿✿

① 안전·보건교육 실시에 관한 보좌 및 조언·지도
② 위험성평가에 관한 보좌 및 조언·지도
③ 작업환경측정 및 개선에 관한 보좌 및 조언·지도
④ 건강진단에 관한 보좌 및 조언·지도
⑤ 산업재해 발생의 원인 조사, 산업재해 통계의 기록 및 유지를 위한 보좌 및 조언·지도
⑥ 산업안전·보건과 관련된 안전장치 및 보호구 구입 시 적격품 선정에 관한 보좌 및 조언·지도

(5) 관리감독자 직무 ✿✿✿
① 기계·기구 또는 설비의 안전·보건 점검 및 이상 유무의 확인
② 근로자의 작업복·보호구 및 방호장치의 점검과 그 착용·사용에 관한 교육·지도
③ 산업재해에 관한 보고 및 이에 대한 응급조치
④ 작업장 정리·정돈 및 통로확보에 대한 확인·감독
⑤ 산업보건의, 안전관리자(안전관리전문기관의 해당 사업장 담당자) 및 보건관리자(보건관리전문기관의 해당 사업장 담당자), 안전보건관리담당자(안전관리전문기관 또는 보건관리전문기관의 해당 사업장 담당자)의 지도·조언에 대한 협조
⑥ 위험성평가를 위한 유해·위험요인의 파악 및 개선조치의 시행에 대한 참여
⑦ 그 밖에 해당 작업의 안전·보건에 관한 사항으로서 고용노동부령으로 정하는 사항

(6) 안전보건조정자의 업무
① 같은 장소에서 행하여지는 각각의 공사 간에 혼재된 작업의 파악
② 혼재된 작업으로 인한 산업재해 발생의 위험성 파악
③ 혼재된 작업으로 인한 산업재해를 예방하기 위한 작업의 시기·내용 및 안전보건조치 등의 조정
④ 각각의 공사 도급인의 안전보건관리책임자 간 작업 내용에 관한 정보 공유 여부의 확인

(7) 산업안전보건위원회(노사협의체) 심의·의결사항과 안전보건관리책임자 직무 비교

산업안전 보건위원 회의 심의·의결 사항 (노사협의체의 심의·의결 사항) ✿✿✿	① 산업재해 예방계획의 수립에 관한 사항 ② 안전보건관리규정의 작성 및 변경에 관한 사항 ③ 근로자의 안전·보건교육에 관한 사항 ④ 작업환경측정 등 작업환경의 점검 및 개선에 관한 사항 ⑤ 근로자의 건강진단 등 건강관리에 관한 사항 ⑥ 중대재해의 원인 조사 및 재발 방지대책 수립에 관한 사항 ✿ ⑦ 산업재해에 관한 통계의 기록 및 유지에 관한 사항 ✿ ⑧ 유해하거나 위험한 기계·기구와 그 밖의 설비를 도입한 경우 안전·보건 조치에 관한 사항
안전보건 관리책임자 직무 ✿✿✿	① 산업재해 예방계획의 수립에 관한 사항 ② 안전보건관리규정의 작성 및 변경에 관한 사항 ③ 근로자의 안전·보건교육에 관한 사항 ④ 작업환경의 점검 및 개선에 관한 사항 ⑤ 근로자의 건강진단 등 건강관리에 관한 사항 ⑥ 산업재해의 원인 조사 및 재발 방지대책 수립에 관한 사항 ⑦ 산업재해에 관한 통계의 기록 및 유지에 관한 사항 ⑧ 안전장치 및 보호구 구입 시 적격품 여부 확인에 관한 사항 ⑨ 위험성평가의 실시에 관한 사항 ⑩ 근로자의 위험 또는 건강장해의 방지에 관한 사항

20. 안전관리규정의 작성 등 ✿✿

① 안전보건관리규정을 작성하여야 할 사업은 상시 근로자 100명 이상을 사용하는 사업으로 한다.

② 안전관리규정의 포함사항

　㉠ 안전 · 보건 관리조직과 그 직무에 관한 사항
　㉡ 안전 · 보건교육에 관한 사항
　㉢ 작업장 안전 및 보건관리에 관한 사항
　㉣ 사고 조사 및 대책 수립에 관한 사항
　㉤ 그 밖에 안전 · 보건에 관한 사항

21. 안전보건 개선계획 작성대상 사업장 ✿✿✿

① 산업재해율이 같은 업종의 규모별 평균 산업재해율보다 높은 사업장
② 사업주가 안전보건조치의무를 이행하지 아니하여 중대재해가 발생한 사업장
③ 직업성 질병자가 연간 2명 이상 발생한 사업장
④ 유해인자의 노출기준을 초과한 사업장

> 평균보다 높으면 개선계획! 중대재해 발생하면 개선계획!
> 직업성 질병자 2명, 노출기준 초과하면 개선계획!

📖 비교합시다!

안전 · 보건진단을 받아 안전보건개선계획을 수립 · 제출하도록 명할 수 있는 사업장

1. 산업재해율이 같은 업종 평균 산업재해율의 2배 이상인 사업장
2. 사업주가 필요한 안전조치 또는 보건조치를 이행하지 아니하여 중대재해가 발생한 사업장
3. 직업병 질병자가 연간 2명 이상(상시 근로자 1천명 이상 사업장의 경우 3명 이상) 발생한 사업장
4. 그 밖에 작업환경 불량, 화재 · 폭발 또는 누출 사고 등으로 사업장 주변까지 피해가 확산된 사업장으로서 고용노동부령으로 정하는 사업장

> 평균의 2배 이상, 직업성 질병 2명 이상(1,000명 이상 3명) 진단받아 개선!
> 중대재해 발생하면 진단받아 개선!

> **참고** 도급인의 산업재해 발생건수 등에 수급인의 산업재해 발생건수 등을 포함하여 공표하여야 하는 사업장(통합 공표대상 사업장)
>
> 도급인이 사용하는 상시근로자 수가 500명 이상인 다음 각 호의 어느 하나에 해당하는 사업장으로서 도급인 사업장의 사고사망만인율(질병으로 인한 사망재해자를 제외하고 산출한 사망만인율) 보다 관계수급인의 근로자를 포함하여 산출한 사고사망만인율이 높은 사업장을 말한다.
>
> 1. 제조업
> 2. 철도운송업
> 3. 도시철도운송업
> 4. 전기업
>
>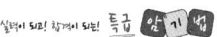
>
> 500명 이상의 제(제조업)철 운송(철도운송업) 도시(도시철도운송업)의 전기는 수급인 포함하여 공표

22. 안전관리자의 증원·교체임명 명령 대상 사업장 ☆☆☆

① 해당 사업장의 연간 재해율이 같은 업종의 평균재해율의 2배 이상인 경우
② 중대재해가 연간 2건 이상 발생한 경우(다만, 해당 사업장의 전년도 사망만인율이 같은 업종의 평균 사망만인율 이하인 경우는 제외)
③ 관리자가 질병이나 그 밖의 사유로 3개월 이상 직무를 수행할 수 없게 된 경우
④ 화학적 인자로 인한 직업성질병자가 연간 3명 이상 발생한 경우(이 경우 직업성 질병자 발생일은 요양급여의 결정일로 한다)

> 평균의 2배 이상, 중대재해 2건 이상 증원!
> 직업성질병 3건 이상, 3개월 이상 일안하면 교체!

23. 재해 발생건수 등 재해율 공표 대상 사업장 ✄✄✄

① 사망재해자가 연간 2명 이상 발생한 사업장
② 사망만인율(사망재해자 수를 연간 상시근로자 1만 명당 발생하는 사망재해자 수로 환산한 것)이 규모별 같은 업종의 평균 사망만인율 이상인 사업장
③ 중대산업사고가 발생한 사업장
④ 산업재해 발생 사실을 은폐한 사업장
⑤ 산업재해의 발생에 관한 보고를 최근 3년 이내 2회 이상 하지 않은 사업장

> 사망자 2명, 평균 사망만인율 이상 공표!
> 중대산업사고 발생하면 공표!
> 재해은폐, 재해보고 3년 동안 2번 이상 안하면 공표!

24. 안전진단 대상 사업장 ✄

① 중대재해 발생 사업장
② 안전보건개선계획 수립·시행 명령을 받은 사업장
③ 추락·폭발·붕괴 등 재해발생 위험이 현저히 높은 사업장으로서 지방노동관서의 장이 안전·보건진단이 필요하다고 인정하는 사업장

> **중대재해** 발생하면 진단! 진단받아 **개선계획 수립!**

25. 산업재해 발생 보고 ✄

① 사업주는 산업재해로 사망자가 발생, 3일 이상의 휴업이 필요한 부상 또는 질병에 걸린 자가 발생 시 산업재해가 발생한 날부터 1개월 이내에 산업재해조사표를 작성, 관할 지방고용노동관서장에게 제출하여야 한다.
② 사업주는 "중대재해"가 발생할 때에는 지체 없이 다음 각 호의 사항을 관할 지방고용 노동관서의 장에게 전화·팩스, 또는 그 밖에 적절한 방법으로 보고하여야 한다.

중대재해 발생 시 보고사항	· 발생 개요 및 피해 상황 · 조치 및 전망 · 그 밖의 중요한 사항

26. 재해발생시 조치순서 ★

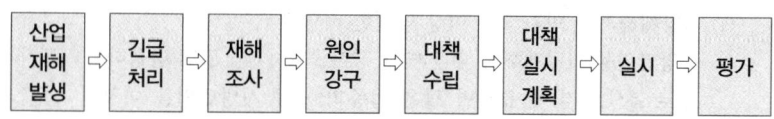

27. 재해의 직, 간접원인

(1) 직접원인 ★★
① 인적원인(불안전한 행동)   ② 물적원인(불안전한 상태)

(2) 간접원인 ★★
① 기술적 원인   ② 교육적 원인   ③ 신체적 원인
④ 정신적 원인   ⑤ 작업관리상 원인

28. 산업재해 발생형태(재해 발생의 매커니즘) ★

① 단순자극형(집중형) : 상호 자극에 의하여 순간적으로 재해가 발생하는 유형으로 재해가 일어난 장소에 그 시기에 일시적으로 요인이 집중한다는 유형이다.
② 연쇄형 : 하나의 사고 요인이 또 다른 요인을 발생시키면서 재해가 발생하는 유형이다.
③ 복합형 : 단순자극형과 연쇄형의 복합적인 발생유형이다.

29. 산업재해 예방의 4원칙 ★★

① 예방 가능의 원칙 : 재해는 원칙적으로 원인만 제거되면 예방이 가능하다.
② 손실 우연의 원칙 : 사고의 결과 생기는 상해의 종류나 정도는 사고 발생 시 사고대상의 조건에 따라 우연히 발생한다.
③ 대책 선정의 원칙 : 사고의 원인에 대한 가장 적합한 대책이 선정되어야 한다.
④ 원인 연계의 원칙 : 재해는 직접원인과 간접원인이 연계되어 일어난다.

30. 재해율의 종류 및 계산 ★★★

(1) 연천인율
① 근로자 1,000명 중 재해자 수 비율(1년간)

② 연천인율 = $\dfrac{\text{연간재해자 수}}{\text{연평균 근로자 수}} \times 1,000$ ③ 연천인율 = 도수율 × 2.4

(2) 도수율(빈도율 F.R)

① 100만 근로시간당 요양재해 발생 건수 비율

② 도수율(빈도율) = $\dfrac{\text{재해 건수}}{\text{연 근로시간 수}} \times 1,000,000$

근로자 1인의 1년간 총 근로 시간 수 계산
8시간 × 300일 = 2,400시간
• 1일 근로시간 8시간　　• 1년 근로일수 300일

(3) 강도율(S.R)

① 1,000 근로시간 당 요양재해로 인한 근로손실일수 비율

② 강도율 = $\dfrac{\text{총 요양 근로손실 일수}}{\text{연 근로시간 수}} \times 1,000$

근로손실일수 = 휴업일수, 요양일수, 입원일수, 가료일수 × $\dfrac{300(\text{실제 근로일수})}{365}$

신체장해등급	손실일수	신체장해등급	손실일수	신체장해등급	손실일수
사망, 1, 2, 3급	7,500일	7급	2,200일	11급	400일
4급	5,500일	8급	1,500일	12급	200일
5급	4,000일	9급	1,000일	13급	100일
6급	3,000일	10급	600일	14급	50일

사망 및 1, 2, 3급의 근로손실 일수 계산
25년 × 300일 = 7,500일
여기서, • 근로손실 년수 : 25년　　• 1년 근로일수 : 300일

(4) 종합재해지수

① 재해의 빈도의 다수와 상해정도의 강약을 나타내는 성적지표로 사용된다.

② $FSI = \sqrt{FR \times SR} = \sqrt{\text{도수율} \times \text{강도율}}$

(5) 환산 강도율(S)

① 일평생 근로하는 동안의 근로손실일수를 말한다.

② 환산 강도율(S) = $\dfrac{\text{총 요양 근로손실 일수}}{\text{연 근로시간 수}} \times$ 평생근로 시간 수(100,000)

③ 환산 강도율 = 강도율 × 100

근로자 1인의 평생 근로시간수 계산
(40년 × 2400시간) + 4000시간 = 100,000시간
• 1인의 일평생 근로연수 : 40년　　　• 1년 총 근로시간 수 : 2400시간 • 일평생 잔업시간 : 4000시간

(6) 환산 도수율(F)

① 일평생 근로하는 동안의 재해건수를 말한다.

② 환산 도수율(F) = $\dfrac{재해\ 건수}{연\ 근로시간\ 수}$ × 평생근로시간수(100,000)

③ 환산 도수율 = 도수율 ÷ 10

(7) 평균강도율 = $\dfrac{강도율}{도수율} \times 1,000$

(8) 안전활동률 : 100만 시간당 안전 활동건수를 나타낸다.

안전활동률 = $\dfrac{안전\ 활동건수}{근로시간\ 수 \times 평균근로자\ 수} \times 10^6$

(9) Safe-T-Score(세이프 티 스코어) : 과거와 현재의 안전을 성적내어 비교, 평가하는 기법이다.

Safe-T-Score = $\dfrac{현재빈도율 - 과거빈도율}{\sqrt{\dfrac{과거빈도율}{(현재)총근로시간수} \times 1,000,000}}$

① 판정
　㉠ 계산 값이 -2 이하 : 과거보다 안전이 좋아졌다.
　㉡ 계산 값이 -2 ~ +2 사이 : 과거와 큰 차이 없다.
　㉢ 계산 값이 +2 이상 : 과거보다 안전이 심각하게 나빠졌다.

(10) 사망 만인율

• 산재보험적용 근로자 수 10,000명당 발생하는 사망자 수의 비율을 말한다.
• 사망만인율 = $\dfrac{사망자수}{산재보험적용근로자수} \times 10,000$

(11) 재해율

- 산재보험적용 근로자수 100명당 발생하는 재해자수의 비율을 말한다.
- 재해율 = $\dfrac{\text{재해자수}}{\text{산재보험 적용 근로자수}} \times 100$

(12) 휴업 재해율

- 임금 근로자수 100명당 발생하는 휴업 재해자수의 비율을 말한다.
- 휴업 재해율 = $\dfrac{\text{휴업재해자수}}{\text{임금근로자수}} \times 100$

(13) 건설업체의 산업재해 발생률 ✰✰

다음의 계산식에 따른 사고사망 만인율로 산출하되, 소수점 셋째 자리에서 반올림한다.

- 사고사망만인율(‱) = $\dfrac{\text{사고사망자수}}{\text{상시 근로자수}} \times 10,000$

- 상시근로자수 = $\dfrac{\text{연간 국내공사 실적액} \times \text{노무비율}}{\text{건설업 월평균임금} \times 12}$

31. 재해손실비의 종류 및 계산

하인리히 방식	총 재해비용 = 직접비 + 간접비 ✰✰ (1 : 4) ① 직접비 　• 치료비　　　• 휴업급여　　　• 요양급여 　• 유족급여　　• 장해급여　　　• 간병급여 　• 직업재활급여　• 상병(傷病)보상연금　• 장의비 등 ② 간접비 　• 인적 손실비　• 물적 손실비 　• 생산 손실비　• 기계·기구 손실비 등

시몬즈의 방식	총 재해코스트 = 보험코스트 + 비보험코스트 ☆☆ 총 재해코스트 = 산재보험료+(A×휴업상해 건수)+(B×통원상해 건수) 　+(C×구급조치상해 건수)+(D×무상해 사고 건수) 　A, B, C, D : 상수(각 재해에 대한 평균 비보험코스트) 보험코스트 = 산재보험료 비보험코스트 : • 휴업상해　　• 통원상해 　　　　　　　• 구급조치상해　• 무상해 사고
버즈의 방식	보험비용 : 비보험 재산비용 : 비보험 기타재산비용 =　　1　　:　　50 ~ 500　　:　　1 ~ 3
콤패스 방식	총 재해비용 = 공동비용 + 개별비용 ① 공동비용(불변비용) 　• 보험료　　　　　• 안전보건팀 유지비 등 ② 개별비용(가변비용) 　• 작업중단 손실비　• 사고조사비　　• 수리비용 등

32. ILO의 근로불능 상해의 구분(상해정도별 분류) ☆☆

① 사망
② 영구 전 노동불능 : 신체 전체의 노동기능 완전 상실(1~3급)
③ 영구 일부 노동불능 : 신체 일부의 노동 기능 상실(4~14급)
④ 일시 전 노동불능 : 일정기간 노동 종사 불가(휴업상해)
⑤ 일시 일부 노동불능 : 일정기간 일부노동에 종사 불가(통원상해)
⑥ 구급조치상해

33. 재해통계방법 ☆

① 파레토도 : 사고 유형, 기인물 등 데이터를 분류하여 그 항목값이 큰 순서대로 정리하여 막대그래프로 나타낸다.
② 특성요인도 : 재해와 그 요인의 관계를 어골상으로 세분화하여 나타낸다.
③ 크로스(Cross) 분석 : 2가지 또는 2개 항목 이상의 요인이 상호관계를 유지할 때 문제를 분석하는데 사용된다.
④ 관리도 : 시간경과에 따른 재해발생 건수 등 대략적인 추이 파악에 사용된다.

34. 재해사례연구 진행 단계 ☆☆

전제 조건 : 재해 상황의 파악

1단계	2단계	3단계	4단계
사실의 확인	문제점 발견	근본 문제점 결정(재해원인 결정)	대책수립

35. 상해 및 재해발생형태 ☆☆☆

(1) 상해종류별 분류

분류항목	세부항목
① 골절	뼈가 부러진 상해
② 동상	저온물 접촉으로 생긴 동상 상해
③ 부종	국부의 혈액순환의 이상으로 몸이 퉁퉁 부어오르는 상해
④ 찔림(자상)	칼날 등 날카로운 물건에 찔린 상해
⑤ 타박상(삠)(좌상)	타박·충돌·추락 등으로 피부표면보다는 피하조직 또는 근육부를 다친 상태
⑥ 절단(절상)	신체 부위가 절단된 상해
⑦ 중독·질식	음식물·약물·가스 등에 의한 중독이나 질식된 상해
⑧ 찰과상	스치거나 문질러서 피부가 벗겨진 상해
⑨ 베임(창상)	창·칼 등에 베인 상해
⑩ 화상	화재 또는 고온물 접촉으로 인한 상해
⑪ 뇌진탕	머리를 세게 맞았을 때 장해로 일어난 상해
⑫ 익사	물 속에 추락하여 익사한 상해
⑬ 피부병	직업과 연관되어 발생 또는 악화되는 모든 피부질환
⑭ 청력장애	청력이 감퇴 또는 난청이 된 상태
⑮ 시력장애	시력이 감퇴 또는 실명된 상해

(2) 재해 발생형태

분류항목	세부항목
떨어짐	• 높이가 있는 곳에서 사람이 떨어짐 • 사람이 인력(중력)에 의하여 건축물, 구조물, 가설물, 수목, 사다리 등의 높은 장소에서 떨어지는 것
넘어짐	• 사람이 미끄러지거나 넘어짐 • 사람이 거의 평면 또는 경사면, 층계 등에서 구르거나 넘어지는 경우
깔림·뒤집힘	• 물체의 쓰러짐이나 뒤집힘 • 기대여져 있거나 세워져 있는 물체 등이 쓰러져 깔린 경우 및 지게차 등의 건설기계 등이 운행 또는 작업 중 뒤집어진 경우
부딪힘·접촉	• 물체에 부딪힘, 접촉 • 재해자 자신의 움직임·동작으로 인하여 기인물에 접촉 또는 부딪히거나, 물체가 고정부에서 이탈하지 않은 상태로 움직임(규칙, 불규칙)등에 의하여 접촉한 경우
맞음	• 날아오거나 떨어진 물체에 맞음 • 구조물, 기계 등에 고정되어 있던 물체가 중력, 원심력, 관성력 등에 의하여 고정부에서 이탈하거나 또는 설비 등으로부터 물질이 분출되어 사람을 가해하는 경우
끼임	• 기계설비에 끼이거나 감김 • 두 물체 사이의 움직임에 의하여 일어난 것으로 직선 운동하는 물체 사이의 끼임, 회전부와 고정체 사이의 끼임, 롤러 등 회전체 사이에 물리거나 또는 회전체·돌기부 등에 감긴 경우
무너짐	• 건축물이나 쌓여진 물체가 무너짐 • 토사, 적재물, 구조물, 건축물, 가설물 등이 전체적으로 허물어져 내리거나 또는 주요 부분이 꺾여져 무너지는 경우
감전	전기설비의 충전부 등에 신체의 일부가 직접 접촉하거나 유도전류의 통전으로 근육의 수축, 호흡곤란, 심실세동 등이 발생한 경우 또는 특별고압 등에 접근함에 따라 발생한 섬락 접촉, 합선·혼촉 등으로 인하여 발생한 아크에 접촉된 경우
이상온도 접촉	고·저온 환경 또는 물체에 노출·접촉된 경우
화학물질 누출·접촉	유해·위험물질에 노출·접촉 또는 흡입한 경우
산소결핍	유해물질과 관련 없이 산소가 부족한 상태·환경에 노출되었거나 이물질 등에 의하여 기도가 막혀 호흡기능이 불충분한 경우

분류항목	세부항목
폭발·파열	건축물, 용기 내 또는 대기 중에서 물질의 화학적, 물리적 변화가 급격히 진행되어 열, 폭음, 폭발압이 동반하여 발생하는 경우를 말하며, 파열은 배관, 용기 등이 물리적인 압력에 의하여 찢어지거나 터진 경우로서 폭풍압이 동반되지 않은 경우를 말한다.
화 재	가연물에 점화원이 가해져 비의도적으로 불이 일어난 경우를 말한다.
불균형 및 무리한 동작	물체의 취급 없이 일시적이고 급격한 행위·동작 등 신체동작(반응)에 의한 경우나, 물체의 취급과 관련하여 근육의 힘을 많이 사용하는 경우로서 밀기, 당기기, 지탱하기, 들어올리기, 돌리기, 잡기, 운반하기 등과 같은 행위·동작
폭력행위	의도적인 또는 의도가 불분명한 위험행위(마약, 정신질환 등)로 자신 또는 타인에게 상해를 입힌 폭력·폭행을 말하며, 협박·언어·성폭력 등을 포함한다.
절단·베임·찔림	사람과 물체 간의 직접적인 접촉에 의한 것으로서 칼 등 날카로운 물체의 취급 또는 톱·절단기 등의 회전 날 부위에 접촉되어 신체가 절단되거나 베어진 경우
빠짐·익사	수중에 빠지거나 익사한 경우
사업장 내 교통사고	사업장 내의 도로에서 발생된 교통사고
사업장 외 교통사고	사업장 외의 도로에서 발생된 교통사고와 해상·항공과 관련하여 발생된 교통사고
체육행사 등의 사고	업무와 관련한 체육행사·워크숍, 회식 등에서 재해를 입은 경우
동물상해	동물에 의해 근로자가 상해를 입은 경우로 동물(개·소·말 등)에 물리거나 차이는 등에 의해 상해를 입은 경우

(3) 재해발생형태의 분류기준

① 두 가지 이상의 발생형태가 연쇄적으로 발생된 재해의 경우는 상해결과 또는 피해를 크게 유발한 형태로 분류한다.

재해자가 「넘어짐」으로 인하여 기계의 동력전달부위 등에 끼이는 사고가 발생하여 신체부위가 「절단」된 경우	⇨	「끼임」
재해자가 구조물 상부에서 「넘어짐」으로 인하여 사람이 떨어져 두개골 골절이 발생한 경우	⇨	「떨어짐」
재해자가 「넘어짐」 또는 「떨어짐」으로 물에 빠져 익사한 경우	⇨	「빠짐·익사」

② 「떨어짐」과 「넘어짐」의 분류

바닥면과 신체가 떨어진 상태로 더 낮은 위치로 떨어진 경우	⇨	「떨어짐」
바닥면과 신체가 접해있는 상태에서 더 낮은 위치로 떨어진 경우	⇨	「넘어짐」
신체가 바닥면과 접해있었는지 여부를 알 수 없는 경우 작업발판 등 구조물의 높이가 보폭(약 60cm) 이상인 경우	⇨	「떨어짐」
보폭 미만인 경우	⇨	「넘어짐」

③ 「맞음」, 「이상온도 접촉」 또는 「화학물질 누출·접촉」의 분류

물체 또는 물질이 떨어지거나 날아와 타박상 등의 상해를 입었을 경우	⇨	「맞음」
고·저온 물체 또는 물질이 떨어지거나 날아와 화상을 입었을 경우	⇨	「이상온도 접촉」
떨어지거나 날아온 물체 또는 물질의 특성에 의하여 상해를 입은 경우	⇨	「화학물질 누출·접촉」

36. 안전점검의 종류 ✿

① 정기점검(계획점검) : 일정 기간마다 정기적으로 실시하는 점검을 말한다.
② 수시점검(일상점검) : 매일 작업 전, 중, 후에 실시하는 점검을 말한다.
③ 특별점검 : 기계·기구 또는 설비의 신설·변경 또는 고장·수리 등으로 비정기적인 특정 점검을 말하며 기술 책임자가 실시하며 산업안전보건 강조기간, 악천후 시에도 실시한다.
④ 임시점검 : 기계·기구 또는 설비의 이상 발견 시에 임시로 점검하는 점검을 말한다.

37. 안전인증

(1) 안전인증 심사의 종류 및 방법 ✿✿

예비심사	기계·기구 및 방호장치·보호구가 유해·위험한 기계·기구·설비 등 인지를 확인하는 심사(안전인증을 신청한 경우만 해당)
서면심사	유해·위험한 기계·기구·설비 등의 제품기술과 관련된 문서가 안전인증기준에 적합한지에 대한 심사

기술능력 및 생산체계 심사	유해·위험한 기계·기구·설비 등의 안전성능을 지속적으로 유지·보증하기 위하여 사업장에서 갖추어야 할 **기술능력과 생산체계가 안전인증기준에 적합한지**에 대한 심사
제품심사	유해·위험한 기계·기구·설비 등이 서면심사 내용과 일치하는지 여부와 유해·위험한 기계·기구·설비 등의 **안전에 관한 성능이 안전인증기준에 적합한지** 여부에 대한 심사 • 개별 제품심사 : 유해·위험한 기계·기구·설비 등 모두에 대하여 하는 심사 • 형식별 제품심사 : 유해·위험한 기계·기구·설비 등의 **형식별로 표본**을 추출하여 하는 심사

(2) 심사종류별 심사기간 ✈

① 예비심사 : 7일
② 서면심사 : 15일(외국에서 제조한 경우는 30일)
③ 기술능력 및 생산체계 심사 : 30일(외국에서 제조한 경우는 45일)
④ 제품심사
　㉠ 개별 제품심사 : 15일
　㉡ 형식별 제품심사 : 30일

(3) 안전인증의 취소, 6개월 이내의 기간을 정하여 안전인증표시의 사용 금지, 시정을 명할 수 있는 경우

① **거짓이나 그 밖의 부정한 방법으로** 안전인증을 받은 경우(안전인증 취소만 해당됨)
② 안전인증을 받은 유해·위험기계 등의 **안전에 관한 성능** 등이 안전인증기준에 **맞지 아니하게 된 경우**
③ 정당한 사유 없이 안전인증 확인을 **거부, 방해 또는 기피하는 경우**

38. 자율안전 확인표시의 사용금지 등 ☆

(1) 자율안전 확인대상 기계·기구 등의 제조·수입·양도·대여·사용하거나 양도·대여의 목적으로 진열할 수 없는 경우
① 자율안전 확인 신고를 하지 아니한 경우
② 거짓이나 그 밖의 부정한 방법으로 신고를 한 경우
③ 자율안전 확인대상 기계 등의 안전에 관한 성능이 자율안전기준에 맞지 아니하게 된 경우
④ 자율안전 확인 표시의 사용 금지 명령을 받은 경우

> **비교합시다!**
>
> **안전인증대상 기계 등을 제조·수입·양도·대여·사용하거나 양도·대여의 목적으로 진열할 수 없는 경우 ☆**
>
> ① 안전인증을 받지 아니한 경우(안전인증이 전부 면제되는 경우는 제외)
> ② 안전인증기준에 맞지 아니하게 된 경우
> ③ 안전인증이 취소되거나 안전인증표시의 사용금지 명령을 받은 경우

39. 자율검사프로그램의 인정 ☆☆

사업주가 자율검사프로그램을 인정받기 위해서는 다음 각 호의 요건을 모두 충족하여야 한다. 다만, 검사기관에 위탁한 경우에는 ① 및 ②를 충족한 것으로 본다.
① 검사원을 고용하고 있을 것
② 검사를 할 수 있는 장비를 갖추고 이를 유지·관리할 수 있을 것
③ 검사주기의 2분의 1에 해당하는 주기(크레인 중 건설현장 외에서 사용하는 크레인의 경우 6개월)마다 검사를 할 것
④ 자율검사프로그램의 검사기준이 안전검사기준을 충족할 것

40. 안전인증의 표시

안전인증대상 및 자율안전 확인의 표시방법 ☆☆	

41. 안전인증 및 자율안전 확인 대상 기계, 기구 등 ☆☆☆

	안전인증	자율안전 확인
1. 기계 기구·설비	1. 설치·이전하는 경우 안전인증을 받아야 하는 기계·기구 　가. 크레인 　나. 리프트 　다. 곤돌라 2. 주요 구조 부분을 변경하는 경우 안전인증을 받아야 하는 기계·기구 　① 프레스 　② 전단기 및 절곡기(折曲機) 　③ 크레인 　④ 리프트 　⑤ 압력용기 　⑥ 롤러기 　⑦ 사출성형기(射出成形機) 　⑧ 고소(高所)작업대 　⑨ 곤돌라	① 연삭기 또는 연마기 (휴대형은 제외한다) ② 산업용 로봇 ③ 혼합기 ④ 파쇄기 또는 분쇄기 ⑤ 식품가공용 기계(파쇄·절단·혼합·제면기만 해당한다) ⑥ 컨베이어 ⑦ 자동차정비용 리프트 ⑧ 공작기계(선반, 드릴기, 평삭·형삭기, 밀링만 해당) ⑨ 고정형 목재가공용기계(둥근톱, 대패, 루타기, 띠톱, 모떼기 기계만 해당한다) ⑩ 인쇄기

실력이 되고! 합격이 되는! 특급 암기법

유사한 종류끼리 묶어서 암기
손 다치는 기계 - 프레스, 전단기 및 절곡기, 사출성형기, 롤러기
양중기 - 크레인, 리프트, 곤돌라
폭발 - 압력용기
추락 - 고소작업대

실력이 되고! 합격이 되는! 특급 암기법

공작기계로 철판 잘라서 연삭기, 연마기로 갈고, 고정형 목재가공용 기계로 나무 자르고, 식품가공용 기계로 식품 파쇄, 분쇄하여 혼합기로 혼합한 후 컨베이어로 운반해서 자동차 리프트에 올려놓고 인기있는 산업용로봇 만들자.

	안전인증	자율안전 확인
2. 방호장치	① 프레스 및 전단기 방호장치 ② 양중기용 과부하방지장치 ③ 보일러 압력방출용 안전밸브 ④ 압력용기 압력방출용 안전밸브 ⑤ 압력용기 압력방출용 파열판 ⑥ 절연용 방호구 및 활선작업용 기구 ⑦ 방폭구조 전기기계 기구 및 부품 ⑧ 추락·낙하 및 붕괴 등의 위험 방지 및 보호에 필요한 가설기자재로서 고용노동부장관이 정하여 고시하는 것 ⑨ 충돌·협착 등의 위험 방지에 필요한 산업용 로봇 방호장치로서 고용노동부장관이 정하여 고시하는 것 실력이 되는! 합격이 되는! **특급 암기법** 안전인증 대상 중 **손 다치는 기계** – 프레스 및 전단기의 방호장치 **양중기** – 과부하방지장치 **폭발** – 보일러 안전밸브, 압력용기 안전밸브, 파열판 **충돌** – 산업용 로봇 **전기** – 방폭구조, 절연용 방호구, 활선작업용 기구	① 아세틸렌, 가스집합 용접장치용 안전기 ② 교류아크용접기용 자동전격방지기 ③ 롤러기 급정지장치 ④ 연삭기 덮개 ⑤ 목재가공용 둥근톱 반발 예방장치 및 날접촉 예방장치 ⑥ 동력식수동대패의 칼날 접촉방지장치 ⑦ 추락, 낙하 및 붕괴 등의 위험방호에 필요한 가설기자재(안전인증 제외) 실력이 되는! 합격이 되는! **특급 암기법** 롤러를 통과한 철판을 목재가공용 둥근톱, 동력식 수동대패로 잘라서 아세틸렌, 가스집합용접장치, 교류아크용접기로 용접해서 연삭기로 다듬자.

	안전인증	자율안전 확인
3. 보호구	① 추락 및 감전 위험방지용 안전모 ② 안전화 ③ 안전장갑 ④ 방진마스크 ⑤ 방독마스크 ⑥ 송기마스크 ⑦ 전동식 호흡보호구 ⑧ 보호복 ⑨ 안전대 ⑩ 차광 및 비산물 위험방지용 보안경 ⑪ 용접용 보안면 ⑫ 방음용 귀마개 또는 귀덮개 **실력이 되고! 합격이 되는! 특급 암기법** **머리 – 안전모(추락 및 감전방지용)** **눈 – 보안경(차광 및 비산물 위험방지용)** **코, 입 – 방진마스크, 방독마스크, 송기마스크, 전동식 호흡보호구** **얼굴 – 보안면(용접용)** **귀 – 귀마개 또는 귀덮개(방음용)** **손 – 안전장갑** **허리 – 안전대** **발 – 안전화** **몸 – 보호복**	① 안전모(안전인증 제외) ② 보안경(안전인증 제외) ③ 보안면(안전인증 제외)
4. 합격 표시	① 형식 또는 모델명 ② 규격 또는 등급 등 ③ 제조자 명 ④ 제조번호 및 제조연월 ⑤ 안전인증 번호	① 형식 또는 모델명 ② 규격 또는 등급 등 ③ 제조자 명 ④ 제조번호 및 제조연월 ⑤ 자율안전 확인 번호

42. 안전검사 대상 기계, 기구 등 ☆☆☆

1. 안전검사 대상 유해·위험 기계 등	① 프레스 ② 전단기 ③ 크레인[정격 하중이 2톤 미만인 것 제외] ④ 리프트 ⑤ 압력용기 ⑥ 곤돌라 ⑦ 국소 배기장치(이동식은 제외) ⑧ 원심기(산업용만 해당) ⑨ 롤러기(밀폐형 구조는 제외한다) ⑩ 사출성형기[형 체결력(형 체결력) 294킬로뉴턴(KN) 미만은 제외] ⑪ 고소작업대 ⑫ 컨베이어 ⑬ 산업용 로봇 ⑭ 혼합기(26년 6월 26일 시행) ⑮ 파쇄기 또는 분쇄기(26년 6월 26일 시행) 실력이 되고! 합격이 되는! 특급 **암기법** **손 다치는 기계** - 프레스, 전단기, 사출성형기, 롤러기, 혼합기, 파쇄기 또는 분쇄기(26년 6월 26일 시행) **양중기** - 크레인, 리프트, 곤돌라 **폭발** - 압력용기 **추가** - 극소(국소) 로봇이 고소의 큰(컨) 원을 검사(안전검사) 국소배기장치, 산업용 로봇, 고소작업대, 컨베이어, 원심기
2. 안전검사대상 유해·위험기계 등의 검사 주기	① 크레인(이동식 크레인은 제외), 리프트(이삿짐운반용 리프트는 제외) 및 곤돌라 : 사업장에 설치가 끝난 날부터 3년 이내에 최초 안전검사를 실시하되, 그 이후부터 2년마다(건설현장에서 사용하는 것은 최초로 설치한 날부터 6개월마다) ② 이동식 크레인, 이삿짐운반용 리프트 및 고소작업대 : 신규등록 이후 3년 이내에 최초 안전검사를 실시하되, 그 이후부터 2년마다 ③ 프레스, 전단기, 압력용기, 국소 배기장치, 원심기, 롤러기, 사출성형기, 컨베이어 및 산업용 로봇, 혼합기, 파쇄기 또는 분쇄기(26년 6월 26일 시행): 사업장에 설치가 끝난 날부터 3년 이내에 최초 안전검사를 실시하되, 그 이후부터 2년마다(공정안전보고서를 제출하여 확인을 받은 압력용기는 4년마다)
3. 안전검사 합격표시	① 검사 대상 유해·위험 기계명 ② 신청인 ③ 형식번호(기호) ④ 합격번호 ⑤ 검사유효기간 ⑥ 검사기관

제2장 안전 보호구 관리

1. 보호구의 지급 ☆☆☆

① 물체가 떨어지거나 날아올 위험 또는 근로자가 추락할 위험이 있는 작업 : 안전모
② 높이 또는 깊이 2미터 이상의 추락할 위험이 있는 장소에서 하는 작업 : 안전대(安全帶)
③ 물체의 낙하·충격, 물체에의 끼임, 감전 또는 정전기의 대전(帶電)에 의한 위험이 있는 작업 : 안전화
④ 물체가 흩날릴 위험이 있는 작업 : 보안경
⑤ 용접 시 불꽃이나 물체가 흩날릴 위험이 있는 작업 : 보안면
⑥ 감전의 위험이 있는 작업 : 절연용 보호구
⑦ 고열에 의한 화상 등의 위험이 있는 작업 : 방열복
⑧ 선창 등에서 분진(粉塵)이 심하게 발생하는 하역작업 : 방진마스크
⑨ 섭씨 영하 18도 이하인 급냉동어창에서 하는 하역작업 : 방한모·방한복·방한화·방한장갑
⑩ 물건을 운반하거나 수거·배달하기 위하여 이륜자동차 또는 원동기장치 자전거를 운행하는 작업 : 승차용 안전모
⑪ 물건을 운반하거나 수거·배달하기 위하여 자전거 등을 운행하는 작업 : 안전모

2. 안전인증 대상 보호구의 종류 ☆☆☆

① 추락 및 감전 위험방지용 안전모
② 안전화
③ 안전장갑
④ 방진마스크
⑤ 방독마스크
⑥ 송기마스크
⑦ 전동식 호흡보호구
⑧ 보호복
⑨ 안전대
⑩ 차광 및 비산물 위험방지용 보안경
⑪ 용접용 보안면
⑫ 방음용 귀마개 또는 귀덮개

3. 자율안전 확인 대상 보호구의 종류 ☆☆☆

① 안전모(안전인증 대상 제외)
② 보안경(안전인증 대상 제외)
③ 보안면(안전인증 대상 제외)

4. 안전인증 제품표시의 붙임 ☆☆☆

안전인증제품에는 안전인증 표시 외에 다음 각 목의 사항을 표시한다.
① 형식 또는 모델명
② 규격 또는 등급 등
③ 제조자명
④ 제조번호 및 제조연월
⑤ 안전인증 번호

5. 안전인증 안전모의 종류(추락, 감전방지용) ☆☆☆

종류(기호)	사 용 구 분	비 고
AB	물체의 낙하 또는 비래 및 추락에 의한 위험을 방지 또는 경감시키기 위한 것	
AE	물체의 낙하 또는 비래에 의한 위험을 방지 또는 경감하고, 머리부위 감전에 의한 위험을 방지하기 위한 것	내전압성
ABE	물체의 낙하 또는 비래 및 추락에 의한 위험을 방지 또는 경감하고, 머리부위 감전에 의한 위험을 방지하기 위한 것	내전압성
내전압성이란 7,000V 이하의 전압에 견디는 것을 말한다.		

6. 안전모의 성능 시험 종류 ☆☆

안전모의 성능 시험 종류	안전 인증대상	① 내관통성 시험 ③ 내전압성 시험 ⑤ 난연성 시험	② 충격흡수성 시험 ④ 내수성 시험 ⑥ 턱끈풀림 시험
	자율안전 확인대상	① 내관통성 시험 ③ 난연성 시험	② 충격흡수성 시험 ⑥ 턱끈풀림 시험

7. 안전화의 종류 ☆

① 가죽제안전화
② 고무제안전화
③ 성전기안전화
④ 발등 안전화
⑤ 절연화
⑥ 절연장화
⑦ 화학물질용 안전화

8. 가죽제 안전화 성능시험 종류 ☆

① 내충격성 시험
② 내압박성 시험
③ 내답발성 시험
④ 박리저항 시험

⑤ 내유성 시험　　　　　　　　⑥ 인장강도 시험 및 신장율 시험
⑦ 내부식성 시험　　　　　　　⑧ 인열강도 시험
⑨ 은면결렬 시험

9. 절연장갑의 등급 ✄

등 급	최대사용전압 교류(V, 실효값)	직류(V)	등급별 색상
00	500	750	갈색
0	1,000	1,500	빨간색
1	7,500	11,250	흰색
2	17,000	25,500	노란색
3	26,500	39,750	녹색
4	36,000	54,000	등색

실력이 되고! 합격이 되는! **특급 암기법**

교류 × 1.5 = 직류
공(00)갈 공(0)적 1백 2황 3녹 4등

10. 방진마스크의 등급 ✄✄

등 급	특 급	1 급	2 급
사용 장소	• 베릴륨등과 같이 독성이 강한 물질들을 함유한 분진 등 발생장소 • 석면 취급장소	• 특급마스크 착용장소를 제외한 분진 등 발생장소 • 금속흄 등과 같이 열적으로 생기는 분진 등 발생장소 • 기계적으로 생기는 분진 등 발생장소(규소등과 같이 2급방진 마스크를 착용하여도 무방한 경우는 제외한다)	• 특급 및 1급 마스크 착용장소를 제외한 분진 등 발생장소
	배기밸브가 없는 안면부여과식 마스크는 특급 및 1급 장소에 사용해서는 안 된다.		

11. 방진마스크의 일반구조 ✄

① 착용 시 이상한 압박감이나 고통을 주지 않을 것
② **전면형** : 호흡 시에 투시부가 흐려지지 않을 것
③ **분리식 마스크** : 여과재, 흡기밸브, 배기밸브 및 머리끈을 쉽게 교환할 수 있고 착용자 자신이 안면부와의 밀착성 여부를 수시로 확인할 수 있을 것

④ 안면부여과식 : 여과재로 된 안면부가 사용 중 심하게 변형되지 않을 것
⑤ 안면부여과식 : 여과재를 안면에 밀착시킬 수 있을 것

12. 여과재등 분진 포집효율

형태 및 등급		염화나트륨(NaCl) 및 파라핀 오일(Paraffin oil) 시험(%)
분리식	특급	99.95 이상
	1급	94.0 이상
	2급	80.0 이상
안면부 여과식	특급	99.0 이상
	1급	94.0 이상
	2급	80.0 이상

13. 방독마스크의 종류 ✖✖

종류	시험가스	종류	시험가스
유기화합물용	시클로헥산(C_6H_{12}) 디메틸에테르(CH_3OCH_3) 이소부탄(C_4H_{10})	시안화수소용	시안화수소가스(HCN)
할로겐용	염소가스 또는 증기(Cl_2)	아황산용	아황산가스(SO_2)
황화수소용	황화수소가스(H_2S)	암모니아용	암모니아가스(NH_3)

14. 방독마스크의 등급 ✖✖

등급	사용 장소
고농도	가스 또는 증기의 농도가 100분의 2(암모니아에 있어서는 100분의 3) 이하의 대기 중에서 사용하는 것
중농도	가스 또는 증기의 농도가 100분의 1(암모니아에 있어서는 100분의 1.5) 이하의 대기 중에서 사용하는 것
저농도 및 최저농도	가스 또는 증기의 농도가 100분의 0.1 이하의 대기 중에서 사용하는 것으로서 긴급용이 아닌 것

비고 : 방독마스크는 산소농도가 18% 이상인 장소에서 사용하여야 하고, 고농도와 중농도에서 사용하는 방독마스크는 전면형(격리식, 직결식)을 사용해야 한다.

15. 안전인증 방독마스크 표시 외에 표시사항 ✖

① 파과곡선도
② 사용시간 기록카드
③ 정화통의 외부측면의 표시 색

④ 사용상의 주의사항

16. 정화통 외부 측면의 표시 색

종 류	표시 색
유기화합물용 정화통	갈색
할로겐용 정화통	회색
황화수소용 정화통	회색
시안화수소용 정화통	회색
아황산용 정화통	노란색
암모니아용 정화통	녹색
복합용 및 겸용의 정화통	• 복합용의 경우 : 해당가스 모두 표시(2층 분리) • 겸용의 경우 : 백색과 해당가스 모두 표시(2층 분리)

17. 방독마스크의 유효시간 계산

$$유효시간(파과시간) = \frac{시험가스농도 \times 표준유효시간}{작업장 공기 중 유해가스 농도} (분)$$

18. 송기마스크

(1) 산소결핍장소(산소농도 18% 미만)에서 착용한다.

(2) 송기마스크의 종류
① 호스 마스크
② 에어라인 마스크
③ 복합식 에어라인 마스크

19. 송풍기형 호스 마스크의 분진 포집효율

등급	전동	수동
효율(%)	99.8 이상	95.0 이상

20. 전동식 호흡보호구의 분류

① 전동식 방진마스크
② 전동식 방독마스크
③ 전동식 후드 및 전동식보안면

21. 방열복의 종류

종류	방열상의	방열하의	방열일체복	방열장갑	방열두건
착용 부위	상 체	하 체	몸체(상·하체)	손	머 리
질량(단위 : kg)	3.0	2.0	4.3	0.5	2.0

22. 화학물질용 보호복

종류	형식	화학물질 보호성능 표시
전신보호복	액체방호형(3형식)	
	분무방호형(4형식)	
부분보호복	액체방호형(3형식)	

23. 안전대

① "안전그네"란 신체지지의 목적으로 전신에 착용하는 띠 모양의 것으로서 상체 등 신체 일부분만 지지하는 것은 제외한다.
② "안전블록"이란 안전그네와 연결하여 추락발생시 추락을 억제할 수 있는 자동 잠김장치가 갖추어져 있고 죔줄이 자동적으로 수축되는 장치를 말한다.
③ "U자걸이"란 안전대의 죔줄을 구조물 등에 U자 모양으로 돌린 뒤 훅 또는 카라비너를 D링에, 신축조절기를 각 링 등에 연결하는 걸이 방법을 말한다.
④ "1개걸이"란 죔줄의 한쪽 끝을 D링에 고정시키고 훅 또는 카라비너를 구조물 또는 구명줄에 고정시키는 걸이 방법을 말한다.

24. 안전대의 종류

종 류	사용 구분
벨트식	1개 걸이용
	U자 걸이용
안전그네식	추락방지대
	안전블록

25. 사용구분에 따른 차광보안경의 종류(안전 인증대상)

종류	사용구분
자외선용	자외선이 발생하는 장소
적외선용	적외선이 발생하는 장소
복합용	자외선 및 적외선이 발생하는 장소
용접용	산소용접작업등과 같이 자외선, 적외선 및 강렬한 가시광선이 발생하는 장소

26. 방음용 귀마개 또는 귀덮개의 종류·등급

종류	등급	기호	성능
귀마개	1종	EP-1	저음부터 고음까지 차음하는 것
귀마개	2종	EP-2	주로 고음을 차음하고 저음(회화음영역)은 차음하지 않는 것
귀덮개	-	EM	

비고 : 귀마개의 경우 재사용 여부를 제조특성으로 표기

27. 안전보건 표지의 색채, 색도기준 및 용도

색채	색도기준	용도	사용례
빨간색	7.5R 4/14	금지	정지신호, 소화설비 및 그 장소, 유해행위의 금지
빨간색	7.5R 4/14	경고	화학물질 취급장소에서의 유해·위험 경고
노란색	5Y 8.5/12	경고	화학물질 취급장소에서의 유해·위험경고 이외의 위험경고, 주의표지 또는 기계방호물
파란색	2.5PB 4/10	지시	특정 행위의 지시 및 사실의 고지
녹색	2.5G 4/10	안내	비상구 및 피난소, 사람 또는 차량의 통행표지
흰색	N9.5		파란색 또는 녹색에 대한 보조색
검은색	N0.5		문자 및 빨간색 또는 노란색에 대한 보조색

특급 암기법

7.5R 4/14 → 싫어(7.5) 4/14   5Y 8.5/12 → 오(5)! 빨리와(8.5) 이리(12)
2.5PB 4/10 → 2.5×4=10   2.5G 4/10 → 2.5×4=10

28. 안전보건표지의 종류 및 형태(제6조제1항 관련)

1. 금지표지	101 출입금지	102 보행금지	103 차량통행금지	104 사용금지	
	105 탑승금지	106 금연	107 화기금지	108 물체이동금지	
2. 경고표지	201 인화성물질 경고	202 산화성물질 경고	203 폭발성물질 경고	204 급성독성물질 경고	205 부식성물질 경고
	206 방사성물질 경고	207 고압전기 경고	208 매달린 물체 경고	209 낙하물 경고	210 고온 경고
	211 저온 경고	212 몸균형 상실 경고	213 레이저광선 경고	214 발암성·변이원성·생식독성·전신독성·호흡기과민성 물질 경고	215 위험장소 경고

3. 지시 표지	301 보안경 착용	302 방독마스크 착용	303 방진마스크 착용	304 보안면 착용	
	305 안전모 착용	306 귀마개 착용	307 안전화 착용	308 안전장갑 착용	309 안전복 착용
4. 안내 표지	401 녹십자표지	402 응급구호표지	403 들것	404 세안장치	405 비상용기구
	406 비상구		407 좌측비상구		408 우측비상구
5. 관계자외 출입금지	501 허가대상물질 작업장 관계자외 출입금지 (허가물질 명칭) 제조/사용/보관 중 보호구/보호복 착용 흡연 및 음식물 섭취 금지		502 석면취급/해체 작업장 관계자외 출입금지 석면 취급/해체 중 보호구/보호복 착용 흡연 및 음식물 섭취 금지		503 금지대상물질의 취급 실험실 등 관계자외 출입금지 발암물질 취급 중 보호구/보호복 착용 흡연 및 음식물 섭취 금지

구분	그림	설명
금지표지		바탕 : 흰색 기본모형 : 빨간색 관련 부호 및 그림 : 검은색
경고표지		바탕 : 노란색 기본모형, 관련 부호 및 그림 : 검은색
		바탕 : 무색 기본모형 : 빨간색(검은색도 가능)
지시표지		바탕 : 파란색 관련 그림 : 흰색
안내표지		바탕 : 흰색 기본모형 및 관련 부호 : 녹색 (바탕 : 녹색 관련 부호 및 그림 : 흰색)
출입금지표지	A B C	글자 : 흰색바탕에 흑색 다음 글자 : 적색 - ○○○ 제조/사용/보관 중 - 석면취급/해체 중 - 발암물질 취급 중

실패기 되라! 함께가 되라! 특급 암기법

산업안전보건법 상의 안전보건표지 중 '관계자외 출입금지' 표지의 하단에 포함되어야 하는 문자 2가지
① 보호구/보호복 착용
② 흡연 및 음식물 섭취 금지

제3장 산업안전심리

1. 인간의 특성

① **간결성의 원리** : 최소 에너지에 의해 목적에 달성하려는 경향을 말하며, 생략 행위를 유발하는 심리적 요인에 해당한다.
② **생략 행위** : 작업현장에서 소정의 작업용구를 사용하지 않고 근처의 용구를 사용해서 임시변통하는 인간심리 결함행위
③ **주의의 일점집중현상** : 인간은 위급한 상황 시 가장 중요한 일에만 집중한다.

2. 산업안전심리 5요소

① 동기(motive)
② 기질(temper)
③ 감정(emotion)
④ 습성(habits)
⑤ 습관(custom)

3. 레윈(K. Lewin)의 법칙

인간의 행동은 개체의 자질과 심리적 환경의 함수관계이다.

$$B = f(P \cdot E)$$

여기서, B : Behavior(인간의 행동)
        f : function(함수관계)
        P : Person(개체 : 연령, 경험, 심신상태, 성격, 지능 등)
        E : Environment(심리적 환경 : 인간관계, 작업환경 등)

4. 인간 의식의 공통적 경향

① 의식은 현상의 대응력에 한계가 있다.
② 의식은 그 초점에서 멀어질수록 희미해진다.
③ 당면한 문제에 의식의 초점이 합치되지 않고 있을 때는 대응력이 저감된다.
④ 인간의 의식은 중단되는 경향이 있다.
⑤ 인간의 의식은 파동한다.(극도의 긴장을 유지할 수 있는 시간은 불과 수 초라고 하며 긴장 후에는 반드시 이완한다)

5. 인간의 착오 요인

인지과정 착오의 요인	• 정보량 저장의 한계 • 감각 차단 현상 • 정서적 불안정 • 생리, 심리적 능력의 한계(정보 수용 능력의 한계)
판단과정 착오요인	• 자기 합리화 • 능력 부족 • 정보부족 • 자기과신
조작과정의 착오 요인	• 작업자의 기능 미숙(기술 부족) • 작업경험 부족 • 피로
심리적, 기타 요인	• 불안·공포·과로·수면부족 등

6. 착각현상

가현운동 (β 운동)	정지하고 있는 대상물이 급속히 나타나던가 소멸하는것으로 인하여 일어나는 운동으로 마치 대상물이 운동하는 것처럼 인식되는 현상을 말한다. 예 영화의 영상
유도 운동	움직이지 않는 것이 움직이는 것처럼 느껴지는 현상 예 상행선 열차를 타고 가며 정지하고 있는 하행선열차를 보면 마치 하행선 열차가 움직이는 것처럼 느껴지는 현상
자동 운동	• 암실에서 정지된 소광점 응시하면 광점이 움직이는 것처럼 보이는 현상 • 안구의 불규칙한 운동 때문에 생기는 현상이다.

7. 착시현상

Müller Lyer의 착시	(a) (b)	(a)가 (b)보다 길게 보인다. (실제 a=b)
Helmholz의 착시	(a) (b)	(a)는 세로로 길어 보이고, (b)는 가로로 길어 보인다.
Herling의 착시	(a) (b)	(a)는 양단이 벌어져 보이고, (b)는 중앙이 벌어져 보인다.
Köhler의 착시		우선 평행의 호(弧)를 보고 이어 직선을 본 경우에는 직선은 호와의 반대 방향으로 보인다.
Poggendorf의 착시		(a)와 (b)가 실제 일직선상에 있으나 (a)와 (c)가 일직선으로 보인다.

Zöller의 착시		세로의 선이 수직선인데 굽어 보인다.
기타의 착시현상 (동심원의 착시)	(a)　　　(b)	(a) 중심의 원이 (b) 중심의 원보다 크게 보인다.
		좌변의 절선이 꺾여 굽어보인다.
		평행선을 잘못 본다.

제4장 인간의 행동과학

1. 인간의 행동성향

① 투사
  ㉠ 자기 속의 억압된 것을 다른 사람의 것으로 생각하는 것
  ㉡ 자신의 불만이나 불안을 해소시키기 위해서 **자신의 잘못을 남의 탓으로 돌리는 행동**

② 모방 : 남의 행동이나 판단을 표본으로 하여 그것과 같거나 또는 그것에 가까운 행동 또는 판단을 취하려는 행동

③ 암시 : 다른 사람으로부터의 판단이나 행동을 무비판적으로 논리적·사실적 근거 없이 받아들이는 행동

④ 승화
  ㉠ 사회적으로 승인되지 않은 욕구가 **사회적, 문화적으로 가치있는 것으로 나타남**
  ㉡ 자신의 동기에 대해 불안을 느끼는 사람은 무의식적으로 **내면의 동기를 사회가 용납하는 다른 동기로 변형시킴**

⑤ 합리화
  ㉠ 자기행위는 합리적이고 정당하며 **실제보다 훌륭하게 평가함**
  ㉡ 자기의 실패나 약점을 그럴듯한 이유나 변명을 들어 자신의 실패를 정당화하는 행동

⑥ 억압 : 의식에서 용납하기 힘든 생각, 욕망, 충동, 공격성 등을 무의식적으로 눌러 버리는 것이다.
⑦ 동일화(Identification) : 다른 사람의 행동 양식이나 태도를 투입시키거나 다른 사람 가운데서 자기와 비슷한 점을 발견하는 것
⑧ 반동형성 : 겉으로 드러나는 태도나 언행이 마음속의 욕구나 생각과 정반대인 경우로 자신의 감정과 정반대의 태도를 취하는 것
⑨ 보상 : 자신의 결함이나 열등감, 긴장을 해소시키기 위하여 장점 등으로 그 결함을 보충하려는 행동
⑩ 퇴행 : 좌절을 심하게 당했을 때 현재보다 유치한 과거 수준으로 후퇴하는 것
⑪ 커뮤니케이션 : 갖가지 행동 양식이 기초를 매개로 하여 어떤 사람으로부터 다른 사람에게 전달되는 과정
⑫ 억측판단 ✮ : 작업공정 중에 규정대로 수행하지 않고 '괜찮다'고 생각하여 자기 주관대로 행하는 행동(객관적인 위험을 행동에 옮김)
  예 신호등의 신호가 녹색에서 황색으로 바뀌었으나 괜찮다고 판단하고 지나감

2. 양립성 ✮

자극과 반응의 관계가 인간의 기대와 모순되지 않는 성질
① 개념적 양립성 : 외부자극에 대해 인간의 개념적 현상의 양립성
  예 빨간 버튼은 온수, 파란버튼은 냉수 ✮
② 공간적 양립성 : 표시장치, 조종장치의 형태 및 공간적배치의 양립성
  예 오른쪽 조리대는 오른쪽 조절장치로, 왼쪽 조리대는 왼쪽 조절장치로 조정한다. ✮
③ 운동의 양립성 : 표시장치, 조종장치 등의 운동 방향의 양립성
  예 조종장치를 오른쪽으로 돌리면 표시장치 지침이 오른쪽으로 이동한다. ✮
④ 양식 양립성 : 직무에 알맞은 자극과 응답 양식의 존재에 대한 양립성
  예 음성 과업에 대해서는 청각적 자극제시와 이에 대한 음성응답 과업에 갖는 양립성이다.

3. 재해설 ✮

① 기회설(상황설) : 재해가 일어날 수 있는 상황만 주어지면 재해가 유발 된다는 설
② 암시설(습관설) : 한번 재해를 당한 사람은 겁쟁이가 되어 신경과민으로 또 재해를 유발한다는 설
③ 경향설(성향설) : 근로자 중 재해가 빈발하는 소질적 결함자가 있다는 설

4. 동기부여 이론

(1) 데이비스 (K. Davis)의 동기부여 이론 ✮✮
① 인간의 성과 × 물질의 성과 = 경영의 성과
② 지식(knowledge) × 기능(skill) = 능력(ability)
③ 상황(situation) × 태도(attitude) = 동기유발(motivation)
④ 능력 × 동기유발 = 인간의 성과(human performance)

(2) 매슬로(Maslow A. H.)의 욕구단계 이론(인간의 욕구 5단계 ✮✮)

제1단계(생리적 욕구)	기아, 갈증, 호흡, 배설, 성욕 등 인간의 가장 기본적인 욕구
제2단계(안전 욕구)	자기 보존 욕구
제3단계(사회적 욕구)	소속감과 애정 욕구
제4단계(존경 욕구)	인정받으려는 욕구
제5단계(자아실현의 욕구)	잠재적인 능력을 실현하고자 하는 욕구(성취 욕구)

(3) 헤르츠버그(Herzberg)의 동기·위생 이론 ✮✮

위생 요인	유지 욕구	• 인간의 동물적 욕구를 반영하는 것으로 Maslow의 욕구 단계에서 생리적, 안전, 사회적 욕구와 비슷하다. • 저차원의 욕구
	직무 환경 ✮	• 회사정책과 관리　• 개인 상호 간의 관계 • 감독　• 임금 • 보수　• 작업조건 • 지위　• 안전
동기 요인	만족 욕구	• 자아실현을 하려는 인간의 독특한 경향을 반영한 것으로, Maslow의 자아실현 욕구와 비슷하다. • 고차원의 욕구
	직무 내용 ✮	• 성취감　• 책임감 • 안정감　• 성장과 발전 • 도전감　• 일 그 자체

(4) 알더퍼의 E.R.G이론 ✮✮
① E : 생존 욕구 또는 존재 욕구(Existenece needs) – 의식주, 봉급, 직무안전
② R : 관계 욕구(Relatedness needs) – 대인관계
③ G : 성장 욕구(Growth needs) – 개인적 발전

(5) 맥그리거(McGregor)의 X, Y 이론 ✦✦

X이론의 특징	Y이론의 특징
인간 불신감	상호 신뢰감
성악설	성선설
인간은 원래 게으르고 태만하여 남의 지배를 받기를 즐긴다.	인간은 부지런하고 적극적이며 자주적이다.
물질욕구(저차원 욕구)에 만족	정신욕구(고차원 욕구)에 만족
명령, 통제에 의한 관리 (권위주의형 리더십)	목표 통합과 자기통제에 의한 자율관리 (민주주의적 리더십)
저개발국형	선진국형

5. 인간 의식레벨의 분류 ✦

단계	의식의 모드	생리적 상태	의식의 상태
Phase 0	무의식, 실신	수면, 뇌발작	주의작용 0
Phase Ⅰ	의식흐림	피로, 단조로운 일	부주의
Phase Ⅱ	이완	안정기거, 휴식	안정기거, 휴식
Phase Ⅲ	상쾌	적극적	적극활동
Phase Ⅳ	과긴장	일점집중현상, 긴급방위	감정흥분

6. 인간 주의특성의 종류 ✦

① 선택성 : 사람은 한번에 여러 종류의 자극을 지각하거나 수용하지 못하며 소수의 특정한 것으로 한정해서 선택하는 기능을 말한다.
② 방향성 : 시선에서 벗어난 부분은 무시되기 쉽다.(주시점만 응시한다)
③ 변동성 : 주의는 리듬이 있어 일정한 수순을 지키지 못한다.
④ 단속성 : 고도의 주의는 장시간 집중이 곤란하다.
⑤ 주의력의 중복집중 곤란 : 동시에 두 개 이상의 방향을 잡지 못한다.

7. 부주의 원인 ✦

① 의식 단절 : 의식 흐름의 단절(특수한 질병 등에 의한 경우로 의식수준은 Phase0인 상태)
② 의식 우회 : 걱정, 고뇌 등으로 의식이 빗나감

③ 의식 수준 저하 : 피로, 단조로운 작업의 연속으로 의식수준이 저하됨
④ 의식 혼란 : 외부자극의 강·약에 의해 위험요인에 대응 할 수 없을 때 발생
⑤ 의식 과잉 : 긴급 상황 시 일점 집중 현상을 일으킨다.

8. 부주의의 원인과 대책

① 소질적 문제 : 적성 배치
② 의식의 우회 : 카운슬링
③ 경험, 미경험자 : 안전교육, 훈련
④ 작업환경 조건 불량 : 환경 정비
⑤ 작업순서의 부적당 : 작업순서 정비

9. 업무 추진의 방식에 따른 분류

① 권위주의적 리더 : 리더가 독단적으로 의사를 결정하는 형태
② 민주주의적 리더 : 집단토의에 의해 의사를 결정하는 형태
③ 자유방임적 리더 : 리더 역할은 하지 않고 명목상 자리만 유지하는 형태

10. 리더의 행동유형중 관리그리드 이론

(1.1)형	(1.9)형	(9.1)형	(5.5)형	(9.9)형
무관심형	인기형	과업형	타협형	이상형

* (x,y)형에서 x는 과업의 관심도를 y는 인간관계의 관심도를 나타낸다.

11. 리더십의 권한의 역할

① 보상적 권한 : 지도자가 부하에게 보상할 수 있는 능력
② 강압적 권한 : 지도자가 부하들을 처벌할 수 있는 권한
③ 합법적 권한 : 조직의 규정에 의해 공식화된 권한
④ 위임된 권한 : 부하직원들이 지도자를 따르고 지도자와 함께 일하는 것
⑤ 전문성의 권한 : 지도자가 집단 목표수행에 전문적인 지식을 갖고 있는가와 관련한 권한

12. 리더십과 헤드십의 특성 ✗

구 분	리더십	헤드십
권한 행사	선출된 리더	임명적 헤드
권한 부여	밑으로 부터의 동의	위에서 위임
권한 귀속	집단 목표에 기여한 공로인정	공식화된 규정에 의함
상하, 부하 관계	개인적인 영향	지배적임
부하와의 관계	좁음	넓음
지휘형태	민주주의적	권위주의적
책임귀속	상사와 부하	상사
권한근거	개인적	법적, 공식적

13. 산소부채(oxygen debt) 현상

격렬한 작업이나 운동을 할 때에는 산소 섭취량이 산소 소모량보다 부족하게 되어 산소량이 산소부채(산소 빚)를 일으킨다. 작업이나 운동 시 빚진 산소 부족분을 작업이나 운동이 끝난 후에 갚기 위해 작업이나 운동 후 호흡이 즉시 정상으로 회복되지 않고 서서히 회복되는 산소부채의 보상현상이 발생한다.

14. 생리학적 측정방법

감각 기능, 반사기능, 대사기능 등을 이용한 측정법 ✗
① EMG(electromyogram; 근전도) : 근육활동 전위차의 기록
② ECG(electrocardiogram; 심전도) : 심장근 활동 전위차의 기록
③ ENG 또는 EEG(electroneurogram; 뇌전도) : 신경활동 전위차의 기록
④ EOG(electrooculogram; 안전도) : 안구(眼球)운동 전위차의 기록
⑤ 산소소비량
⑥ 에너지 소비량(RMR)
⑦ 피부전기반사(GSR)
⑧ 점멸 융합 주파수(플리커법, 어름거림 검사)

15. 에너지 대사율(RMR)

① 작업강도는 에너지 대사율로 나타낸다.

RMR의 계산

$$RMR = \frac{노동대사량}{기초대사량} = \frac{작업시의 \ 소비 \ energy - 안정시 \ 소비 \ energy}{기초대사량}$$

② 작업시의 소비에너지는 작업 중에 소비한 산소의 소모량으로 측정한다.
③ 안정시의 소비에너지는 의자에 앉아서 호흡하는 동안에 소비한 산소의 소모량으로 측정한다.

16. 작업강도 구분에 따른 RMR

① **경작업**(輕작업, 가벼운작업) : 1~2
② **중작업**(中작업, 보통작업) : 2~4
③ **중작업**(重작업, 힘든작업) : 4~7
④ **초중작업**(超重작업, 굉장히 힘든 작업) : 7 이상

17. 휴식시간의 계산

$$휴식시간(R) = \frac{60 \times (E-5)}{E-1.5} [분]$$

- 1.5 : 휴식 중의 에너지 소비량
- 5(kcal/분) : 기초대사량을 포함한 보통작업에 대한 평균 에너지
  (기초대사량을 포함하지 않을 경우 : 4kcal/분)
- 60(분) : 작업시간
- E(kcal/분) : 주어진 작업 시 필요한 에너지

18. 바이오리듬의 종류

육체적 리듬(P)	• 23일 주기 • 청색의 실선으로 표시 • 식욕, 소화력, 활동력, 지구력 등을 나타냄
감성적 리듬(S)	• 28일 주기 • 적색의 점선으로 표시 • 감정, 주의심, 창조력, 희노애락 등을 나타냄
지성적 리듬(I)	• 33일 주기 • 녹색의 일점쇄선으로 표시 • 상상력, 사고력, 기억력, 인지력, 판단력 등을 나타냄

19. 생체리듬의 변화

① 야간에는 체중이 감소한다.
② 야간에는 말초운동 기능이 저하된다.
③ 체온, 혈압, 맥박 수는 주간에 상승하고 야간에 감소한다.
④ 혈액의 수분과 염분량은 주간에 감소하고 야간에 증가한다.

제5장 안전보건교육의 내용 및 방법

1. 자극과 반응이론(S-R이론)

학습이란 어떤 자극(S)에 대해서 생체가 나타내는 특정 반응(R)의 결합으로 이루어진다는 학습이론으로 Thorndike가 이 이론의 시초라고 할 수 있다.

① **돈다이크(Thorndike)의 학습의 법칙(시행착오설)** : 학습이란 맹목적인 시행을 되풀이하는 가운데 자극과 반응의 결합의 과정이다.
   ㉠ 준비성의 법칙   ㉡ 연습 또는 반복의 법칙
   ㉢ 효과의 법칙
② **파블로프의 조건반사설(자극과 반응이론 : S-R이론)** : 유기체에 자극을 주면 반응함으로써 새로운 행동이 발달된다.
   ㉠ 일관성의 원리   ㉡ 계속성의 원리
   ㉢ 시간의 원리   ㉣ 강도의 원리
③ 스키너의 조작적 조건화설
④ 반두라(Bandura)의 사회학습이론

2. 하버드학파의 교수법

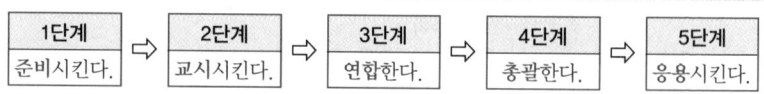

3. 톨만(Tolman)의 기호형태설

학습은 환경에 대한 인지 지도를 신경조직 속에 형성시키는 것이다.

4. 학습지도의 원리 ✗

① **자발성의 원리** : 학습자 스스로가 능동적으로 학습활동에 의욕을 가지고 참여하도록 하는 원리
② **개별화의 원리** : 학습자를 존중하고, 학습자 개개인의 능력, 소질, 성향 등 모든 발달가능성을 신장시키려는 원리
③ **목적의 원리** : 학습자는 학습목표가 분명하게 인식되었을 때 자발적이고 적극적인 학습활동을 하게 된다.
④ **사회화의 원리** : 학교교육을 통하여 학생들이 사회화되어 유용한 사회인으로 육성시키고자 하는 교육이다.
⑤ **통합화의 원리** : 학습자를 전체적 인격체로 보고 그에게 내제하여 있는 모든 능력을 조화적으로 발달시키기 위한 생활중심의 통합교육을 원칙으로 하는 원리

5. 전이 ✗

한 상황에서 실시한 학습이 다른 상황의 학습에 영향을 끼치는 현상

6. 앞에 실시한 교육이 뒤에 실시한 학습을 방해하는 조건 ✗

① **학습의 정도** : 앞의 학습이 불완전할 경우
② **유사성** : 앞 뒤의 학습내용이 비슷한 경우
③ **시간적 간격** : 뒤의 학습을 앞의 학습 직후에 실시하는 경우 혹은 앞의 학습내용을 제어하기 직전에 실시하는 경우
④ **학습자의 태도**
⑤ **학습자의 지능**

7. 기억의 과정 ✗

① **기억** : 과거 행동이 미래 행동에 영향을 줌
② **기명** : 사물의 인상을 마음에 간직함
③ **파지** : 인상이 보존됨
④ **재생** : 보존된 인상이 떠오름
⑤ **재인** : 과거에 경험했던 것과 비슷한 상황에서 떠오르는 현상

8. 적응기제

방어적 기제	도피적 기제
• 보상 • 합리화 • 동일시 • 승화	• 고립 • 퇴행 • 억압 • 백일몽

9. 슈퍼(SUPER D.E)의 역할이론

① 역할 연기(Role playing) : 자아 탐색인 동시에 자아실현의 수단이다.
② 역할 기대(Role expection)
③ 역할 조성(Role shaping)
④ 역할 갈등(R. K trubling)

10. OJT와 OFF JT의 특징

① OJT(On The Job Training) : 직속상사가 부하직원에게 일상업무를 통하여 지식, 기능, 문제해결 능력 및 태도 등을 교육하는 방법으로 개별교육에 적합하다.
② OFF JT(Off The Job Training) : 외부강사를 초청하여 근로자를 일정한 장소에 집합시켜 실시하는 교육형태로서 집합교육에 적합하다.

OJT의 특징	① 개개인에게 적절한 훈련이 가능하다. ② 직장의 실정에 맞는 훈련이 가능하다. ③ 교육효과가 즉시 업무에 연결된다. ④ 훈련에 대한 업무의 계속성이 끊어지지 않는다. ⑤ 상호 신뢰 이해도가 높다.
OFF JT의 특징	① 다수의 근로자들에게 훈련을 할 수 있다. ② 훈련에만 전념하게 된다. ③ 특별설비기구 이용이 가능하다. ④ 많은 지식이나 경험을 교류할 수 있다. ⑤ 교육 훈련 목표에 대하여 집단적 노력이 흐트러질 수 있다.

11. 관리감독자 대상 교육

① TWI(Training Within Industry) ✯✯ : 일선관리감독자 대상 교육

TWI 교육과정(교육내용) ✯✯

① 작업 방법 기법(Job Method Training : JMT)
② 작업 지도 기법(Job Instruction Training : JIT)
③ 인간 관계관리 기법 or 부하통솔법(Job Relations Training : JRT)
④ 작업 안전 기법(Job Safety Training : JST)

---

② MTP(Management Training Program) : 중간계층관리자 대상 교육으로 2시간씩 20회에 걸쳐 40시간 훈련한다.
③ ATT(American Telephone & Telegraph Company) : 한정되어 있지 않고 한 번 교육을 이수한 자는 부하에게 지도가 가능하다.
④ CCS(Civil Communication Section) : 최고층 관리감독자 대상 교육

12. 학습의 정도 4단계 ✯

① 인지(to acquaint)	~을 인지하여야 한다.
② 지각(to know)	~을 알아야 한다.
③ 이해(to understand)	~을 이해하여야 한다.
④ 적용(to apply)	~을 ~에 적용할 수 있어야 한다.

13. 교육의 3요소 ✯

	교육의 주체	교육의 객체	교육의 매개체
형식적 교육	강사	학생(수강자)	교재(학습내용)
비형식적 교육	부모, 형, 선배, 사회인사	자녀와 미성숙자	교육적 환경 인간관계

14. 교육의 3단계 ✯

① 제1단계(지식교육) : 강의 및 시청각 교육 등을 통하여 지식을 전달하는 단계
② 제2단계(기능교육) : 시범, 견학, 현장실습 교육 등을 통하여 경험을 체득하는 단계
③ 제3단계(태도교육) : 작업 동작 지도 등을 통하여 안전 행동을 습관화 하는 단계

[태도교육 실시 순서 ✯]

청취한다. ⇨ 이해, 납득시킨다. ⇨ 모범을 보인다. ⇨ 권장한다. ⇨ 평가한다. (상과 벌)

15. 교육진행 4단계 ✘

단계	교육방법
제1단계 : 도입 (학습할 준비를 시킨다)	• 마음을 안정시킨다. • 무슨 작업을 할 것인가를 말해준다. • 그 작업에 대해 알고 있는 정도를 확인한다. • 작업을 배우고 싶은 의욕을 갖게 한다. • 정확한 위치에 자리잡게 한다.
제2단계 : 제시 (작업을 설명한다)	• 주요 단계를 하나씩 설명해주고, 시범해 보이고, 그려 보인다. • 급소를 강조한다. • **확실하게, 빠짐없이, 끈기 있게 지도한다.**
제3단계 : 적용 (작업을 시켜본다)	• 작업을 지켜보고 잘못을 고쳐준다. • 작업을 시키면서 설명하게 한다. • 다시 한번 시키면서 급소를 말하게 한다. • 확실히 알았다고 할 때까지 확인한다. • 이해할 수 있는 능력 이상으로 강요하지 않는다.
제4단계 : 확인 (가르친 뒤 살펴본다)	• 일에 임하도록 한다. • 모르는 것이 있을 때는 물어 볼 사람을 정해 둔다. • 질문을 하도록 분위기를 조성한다. • 점차 지도 횟수를 줄여간다.

16. 교육실시 방법의 종류

① **강의법** : 강사가 중심이 되어 학습자들에게 지식, 개념, 사실 등의 정보를 제공하는 것을 목적으로 하여 해설방식으로 진행하는 학습지도 형태

[강의법의 장·단점]

장점 ✘	• 새로운 기술, 지식, 정보를 체계적으로 전달할 수 있다. • 많은 양의 정보를 전달할 수 있다. • 구체적인 사실적 정보의 제공과 요점을 파악하기에 효율적이다.
단점	• 학습자의 성향을 고려할 수 없다. • 학습자의 능동적 참여를 기대할 수 없다.

② **토의법** : 집단구성원들이 특정한 문제에 대하여 서로 의견을 발표하면서 올바른 결론에 도달하는 학습방법이다.

[토의법의 장단점]

장점	• 학습자의 적극적인 참여를 통해 학습동기와 흥미를 유발시킬 수 있다. • 자기 스스로 사고하는 능력 및 표현력을 키울 수 있다. • 사회적 기능 및 태도를 형성시킬 수 있다. • 강사가 학습자의 이해 정도를 파악하기 쉽다.
단점	• 시간이 많이 소요된다. • 내용에 대한 사전 지식이 필요하다.

③ **실연법** : 학습자가 이미 설명을 듣거나 시범을 보고 알게 된 지식이나 기능을 강사의 감독아래 직접적으로 연습해 적용케 하는 교육방법이다.

④ **모의법** : 실제의 장면이나 상태와 극히 유사한 사태를 인위적으로 만들어 그 속에서 학습토록 하는 교육방법이다.

⑤ **프로그램 학습법** : 학생이 혼자서 자기능력과 시간, 학습속도에 맞추어 학습할 수 있도록 프로그램 학습자료를 이용하여 학습하는 형태이다.

[프로그램 학습법의 장단점]

장점	• 지능, 학습속도 등 개인차를 고려할 수 있다. • 수업의 모든 단계에 적용이 가능하다. • 수강자들이 학습이 가능한 시간대의 폭이 넓다.
단점	• 한 번 개발된 프로그램 자료는 변경이 어렵다. • 교육 내용이 고정되어 있다. • 학습에 많은 시간이 걸린다. • 집단 사고의 기회가 없다.

⑥ **시청각교육법** : 라디오·텔레비전·견학 등 다양한 시청각 교육매체를 이용하여 학습자의 감각기관을 통해 학습효과를 높이기 위한 학습방법. 교육 대상자 수가 많고 교육 대상자의 학습능력의 차가 큰 경우 집단안전교육 방법으로 가장 효과적이다.

⑦ **구안법(Project method)** : 학습자가 마음 속에 생각하고 있는 것(자신의 목표)을 구체적으로 실천하기 위하여 스스로 계획을 세워 수행하는 학습활동이다.

[Project method의 실시 순서]

1단계	⇨	2단계	⇨	3단계	⇨	4단계
목적		계획		수행		평가

⑧ 문제법(Problem Method) : 새로운 문제에 당면했을 때 그 문제를 해결하는 과정에서 이루어지는 학습방법

[Problem Method의 실시 순서]

1단계		2단계		3단계		4단계		5단계
문제의 인식	⇨	해결방법의 연구 계획	⇨	자료의 수집	⇨	해결방법의 실시	⇨	정리와 결과의 검토

17. 토의식 교육법의 종류 ✗

① 사례연구법(Case Study : Case Method) : 먼저 사례를 제시, 문제적 사실들과 그의 상호관계에 대해서 검토하고 대책을 토의하는 학습법이다.

사례연구법의 장점
• 학습에 흥미가 있고, 학습동기를 유발할 수 있다. • 현실적인 문제의 학습이 가능하다. • 관찰력과 분석력을 높일 수 있다. • 의사소통 기술이 향상된다. • 문제를 다양한 관점에서 바라보게 된다.

② 롤 플레잉(Role Playing) : 롤 플레잉(역할연기)는 참가자에게 일정한 역할을 주어서 실제적으로 연기를 시켜봄으로써 자기의 역할을 보다 확실히 인식시키는 방법이다.
③ 포럼(Forum) : 새로운 자료나 교재를 제시, 거기서의 문제점을 피교육자로 하여금 제기하게 하여 발표하고 토의하는 방법이다.
④ 심포지엄(Symposium) : 몇 사람의 전문가에 의하여 과제에 관한 견해를 발표한 뒤 참가자로 하여금 의견이나 질문을 하게 하여 토의하는 방법이다.
⑤ 패널 디스커션(Panel discussion) : 패널 멤버(교육과제에 정통한 전문가 4~5명)가 피교육자 앞에서 토의를 하고, 뒤에 피교육자 전원이 참가하여 사회자의 사회에 따라 토의하는 방법이다.
⑥ 버즈 세션(Buzz Session) : 6-6 회의, 사회자와 기록계를 선출한 후 6명씩의 소집단으로 구분하고, 소집단별로 6분씩 자유토의를 행하여 의견을 종합하는 방법이다.

18. 사업주가 근로자에게 실시해야 하는 안전보건교육의 교육시간 ✈

(1) 근로자 안전보건교육

교육과정	교육대상		교육시간
가. 정기교육	1) 사무직 종사 근로자		매반기 6시간 이상
	2) 그 밖의 근로자	가) 판매업무에 직접 종사하는 근로자	매반기 6시간 이상
		나) 판매업무에 직접 종사하는 근로자 외의 근로자	매반기 12시간 이상
나. 채용 시의 교육	1) 일용근로자 및 근로계약기간이 1주일 이하인 기간제근로자		1시간 이상
	2) 근로계약기간이 1주일 초과 1개월 이하인 기간제근로자		4시간 이상
	3) 그 밖의 근로자		8시간 이상
다. 작업내용 변경 시의 교육	1) 일용근로자 및 근로계약기간이 1주일 이하인 기간제근로자		1시간 이상
	2) 그 밖의 근로자		2시간 이상
라. 특별교육	1) 일용근로자 및 근로계약기간이 1주일 이하인 기간제 근로자(타워크레인신호작업에 종사하는 근로자 제외)		2시간 이상
	2) 일용근로자 및 근로계약기간이 1주일 이하인 기간제 근로자 중 타워크레인신호작업에 종사하는 근로자		8시간 이상
	3) 일용근로자 및 근로계약기간이 1주일 이하인 기간제 근로자를 제외한 근로자		가) 16시간 이상(최초 작업에 종사하기 전 4시간 이상 실시하고 12시간은 3개월 이내에서 분할하여 실시 가능) 나) 단기간 작업 또는 간헐적 작업인 경우에는 2시간 이상
마. 건설업 기초안전·보건교육	건설 일용근로자		4시간 이상

(2) 관리감독자 안전보건교육

교육과정	교육시간
가. 정기교육	연간 16시간 이상
나. 채용 시 교육	8시간 이상
다. 작업내용 변경 시 교육	2시간 이상
라. 특별교육	16시간 이상(최초 작업에 종사하기 전 4시간 이상 실시하고, 12시간은 3개월 이내에서 분할하여 실시 가능)
	단기간 작업 또는 간헐적 작업인 경우에는 2시간 이상

19. 특수형태근로종사자에 대한 안전보건교육

교육과정	교육시간
가. 최초 노무제공 시 교육	2시간 이상(단기간 작업 또는 간헐적 작업에 노무를 제공하는 경우에는 1시간 이상 실시하고, 특별교육을 실시한 경우는 면제)
나. 특별교육	16시간 이상(최초 작업에 종사하기 전 4시간 이상 실시하고 12시간은 3개월 이내에서 분할하여 실시가능)
	단기간 작업 또는 간헐적 작업인 경우에는 2시간 이상

20. 안전보건관리책임자 등에 대한 교육(직무교육)

교육대상	교육시간	
	신규교육	보수교육
가. 안전보건관리책임자	6시간 이상	6시간 이상
나. 안전관리자, 안전관리전문기관의 종사자	34시간 이상	24시간 이상
다. 보건관리자, 보건관리전문기관의 종사자	34시간 이상	24시간 이상
라. 건설재해예방 전문지도기관의 종사자	34시간 이상	24시간 이상
마. 석면조사기관의 종사자	34시간 이상	24시간 이상
바. 안전보건관리담당자	–	8시간 이상
사. 안전검사기관, 자율안전검사기관의 종사자	34시간 이상	24시간 이상

21. 검사원 성능검사 교육

교육과정	교육대상	교육시간
성능검사 교육	–	28시간 이상

22. 사업주가 근로자에게 실시해야 하는 안전보건교육의 교육내용

(1) 근로자 정기안전·보건교육 ✘✘✘✘

근로자의 정기 안전·보건교육 내용

① 산업안전 및 산업재해 예방에 관한 사항(화재·폭발 사고 발생 시 대피에 관한 사항을 포함한다)
② 산업보건 및 건강장해 예방에 관한 사항(폭염·한파작업으로 인한 건강장해 발생 시 응급조치에 관한 사항을 포함한다)
③ 유해·위험 작업환경 관리에 관한 사항
④ 산업안전보건법령 및 산업재해보상보험제도에 관한 사항
⑤ 직무스트레스 예방 및 관리에 관한 사항
⑥ 직장 내 괴롭힘, 고객의 폭언 등으로 인한 건강장해 예방 및 관리에 관한 사항
⑦ 건강증진 및 질병 예방에 관한 사항
⑧ 위험성 평가에 관한 사항

실패시 되고! 합격이 되는! **특급 암기법**

> 공통 항목(관리감독자, 근로자)
> 1. 근로자는 법, 산재보상제도를 알자.
> 2. 근로자는 건강을 보존(산업보건)하고 건강장해, 스트레스, 괴롭힘, 폭언 예방하자!
> 3. 근로자는 유해위험 환경을 관리해서 안전하고 산업재해 예방하자!
> 4. 근로자는 위험성을 평가하자!
>
> 근로자 정기교육의 특징
> 1. 근로자는 건강증진하고 질병예방하자!

근로자 채용 시 교육 및 작업내용 변경 시 교육내용

① 산업안전 및 산업재해 예방에 관한 사항(화재·폭발 사고 발생 시 대피에 관한 사항을 포함한다)
② 산업보건 및 건강장해 예방에 관한 사항
③ 산업안전보건법령 및 산업재해보상보험제도에 관한 사항
④ 직무스트레스 예방 및 관리에 관한 사항
⑤ 직장 내 괴롭힘, 고객의 폭언 등으로 인한 건강장해 예방 및 관리에 관한 사항
⑥ 기계·기구의 위험성과 작업의 순서 및 동선에 관한 사항
⑦ 물질안전보건자료에 관한 사항
⑧ 작업 개시 전 점검에 관한 사항
⑨ 정리정돈 및 청소에 관한 사항
⑩ 사고 발생 시 긴급조치에 관한 사항
⑪ 위험성 평가에 관한 사항

> **공통 항목**
> 1. 신규자는 법, 산재보상제도를 알자!
> 2. 신규자는 건강을 보존(산업보건)하고 건강장해, 스트레스, 괴롭힘, 폭언 예방하자!
> 3. 신규자는 안전하고 산업재해 예방하자!
> 4. 신규자는 위험성을 평가하자!
>
> 신규채용자는 회사에 처음 입사해서 처음 일을 하는 근로자, 안전하게 일하기 위한 기본내용을 교육한다.
> 1. 신규자는 기계기구 위험성, 작업순서, 동선을 알자!
> 2. 신규자는 취급물질의 위험성(물질안전보건자료)을 알자!
> 3. 신규자는 작업 전 점검하자!
> 4. 신규자는 항상 정리정돈 청소하자!
> 5. 신규자는 사고 시 조치를 알자!

(2) 관리감독자의 정기안전·보건교육 ☆☆☆☆

관리감독자의 정기 안전·보건교육 내용

① 산업안전 및 산업재해 예방에 관한 사항(화재·폭발 사고 발생 시 대피에 관한 사항을 포함한다)
② 산업보건 및 건강장해 예방에 관한 사항(폭염·한파작업으로 인한 건강장해 발생 시 응급조치에 관한 사항을 포함한다)
③ 유해·위험 작업환경 관리에 관한 사항
④ 산업안전보건법령 및 산업재해보상보험 제도에 관한 사항
⑤ 직무스트레스 예방 및 관리에 관한 사항
⑥ 직장 내 괴롭힘, 고객의 폭언 등으로 인한 건강장해 예방 및 관리에 관한 사항
⑦ 위험성평가에 관한 사항
⑧ 작업공정의 유해·위험과 재해 예방대책에 관한 사항
⑨ 표준안전 작업방법 결정 및 지도·감독 요령에 관한 사항
⑩ 비상시 또는 재해 발생 시 긴급조치에 관한 사항
⑪ 사업장 내 안전보건관리체제 및 안전·보건조치 현황에 관한 사항
⑫ 현장근로자와의 의사소통능력 및 강의능력 등 안전보건교육 능력 배양에 관한 사항
⑬ 그 밖의 관리감독자의 직무에 관한 사항

공통 항목(관리감독자, 근로자)
1. 관리자는 법, 산재보상제도를 알자.
2. 관리자는 건강을 보존(산업보건)하고 건강장해, 스트레스, 괴롭힘, 폭언 예방하자!
3. 관리자는 유해위험 환경을 관리해서 안전하고 산업재해 예방하자!
4. 관리자는 위험성을 평가하자!

관리감독자 정기교육의 특징
1. 관리자는 유해위험의 재해예방대책 세우자!
2. 관리자는 안전 작업방법 결정해서 감독하자!
3. 관리자는 재해발생 시 긴급조치하자!
4. 관리자는 안전보건 조치하자!
5. 관리자는 안전보건교육 능력 배양하자!

관리감독자의 채용 시 교육 및 작업내용 변경 시 교육내용

① 산업안전 및 산업재해 예방에 관한 사항(화재·폭발 사고 발생 시 대피에 관한 사항을 포함한다)
② 산업보건 및 건강장해 예방에 관한 사항
③ 산업안전보건법령 및 산업재해보상보험 제도에 관한 사항
④ 직무스트레스 예방 및 관리에 관한 사항
⑤ 직장 내 괴롭힘, 고객의 폭언 등으로 인한 건강장해 예방 및 관리에 관한 사항
⑥ 위험성평가에 관한 사항
⑦ 기계·기구의 위험성과 작업의 순서 및 동선에 관한 사항
⑧ 작업 개시 전 점검에 관한 사항
⑨ 물질안전보건자료에 관한 사항
⑩ 사업장 내 안전보건관리체제 및 안전·보건조치 현황에 관한 사항
⑪ 표준안전 작업방법 결정 및 지도·감독 요령에 관한 사항
⑫ 비상시 또는 재해 발생 시 긴급조치에 관한 사항
⑬ 그 밖의 관리감독자의 직무에 관한 사항

공통 항목 - 채용시 근로자 교육과 동일
1. 신규 관리자는 법, 산재보상제도를 알자!
2. 근로자는 건강을 보존(산업보건)하고 건강장해, 스트레스, 괴롭힘, 폭언 예방하자!
3. 근로자는 유해위험 환경을 관리해서 안전하고 산업재해 예방하자!
4. 신규 관리자는 위험성을 평가하자!

채용시 근로자 교육 중 "정리정돈 청소" 제외
1. 신규 관리자는 기계기구 위험성, 작업순서, 동선을 알자!
2. 신규 관리자는 취급물질의 위험성(물질안전보건자료)을 알자!
3. 신규 관리자는 작업 전 점검하자!

신규 관리자 내용 추가
1. 신규 관리자는 안전보건 조치하자!
2. 신규 관리자는 안전 작업방법 결정해서 감독하자!
3. 신규 관리자는 재해 시 긴급조치하자!

(3) 건설업 기초안전 · 보건교육에 대한 내용 및 시간 ✿✿✿

교육 내용	시간
1. 건설공사의 종류(건축, 토목 등) 및 시공 절차	1시간
2. 산업재해 유형별 위험요인 및 안전보건조치	2시간
3. 안전보건관리체제 현황 및 산업안전보건 관련 근로자 권리 · 의무	1시간

(4) 특수형태근로종사자에 대한 안전보건교육(최초 노무제공 시 교육)

교육내용

아래의 내용 중 특수형태근로종사자의 직무에 적합한 내용을 교육해야 한다.

① 교통안전 및 운전안전에 관한 사항
② 보호구 착용에 대한 사항
③ 산업안전 및 산업재해 예방에 관한 사항(화재·폭발 사고 발생 시 대피에 관한 사항을 포함한다)
④ 산업보건 및 건강장해 예방에 관한 사항
⑤ 건강증진 및 질병 예방에 관한 사항
⑥ 유해·위험 작업환경 관리에 관한 사항
⑦ 기계·기구의 위험성과 작업의 순서 및 동선에 관한 사항
⑧ 작업 개시 전 점검에 관한 사항
⑨ 정리정돈 및 청소에 관한 사항
⑩ 사고 발생 시 긴급조치에 관한 사항
⑪ 물질안전보건자료에 관한 사항
⑫ 직무스트레스 예방 및 관리에 관한 사항
⑬ 직장 내 괴롭힘, 고객의 폭언 등으로 인한 건강장해 예방 및 관리에 관한 사항
⑭ 산업안전보건법령 및 산업재해보상보험 제도에 관한 사항

실력이 되고! 합격이 되는! **특급 암기법**

> 채용 시 교육 내용 + 근로자 정기교육 내용 + 보호구 + 교통, 운전안전(위험성평가 제외)

(5) 물질안전보건자료에 관한 교육내용 ★

교육 내용

① 대상화학물질의 명칭(또는 제품명)
② 물리적 위험성 및 건강 유해성
③ 취급상의 주의사항
④ 적절한 보호구
⑤ 응급조치 요령 및 사고 시 대처방법
⑥ 물질안전보건자료 및 경고표지를 이해하는 방법

제4장 산업안전 관계법규

1. 작업시작 전 점검 ☆☆☆

작업의 종류	점검내용
1. 프레스 등을 사용하여 작업을 할 때	가. 클러치 및 브레이크의 기능 나. 크랭크축·플라이휠·슬라이드·연결봉 및 연결나사의 풀림 여부 다. 1행정 1정지기구·급정지장치 및 비상정지장치의 기능 라. 슬라이드 또는 칼날에 의한 위험방지 기구의 기능 마. 프레스의 금형 및 고정볼트 상태 바. 방호장치의 기능 사. 전단기(剪斷機)의 칼날 및 테이블의 상태
2. 로봇의 작동 범위에서 그 로봇에 관하여 교시등(로봇의 동력원을 차단하고 하는 것은 제외한다)의 작업을 할 때	가. 외부 전선의 피복 또는 외장의 손상 유무 나. 매니퓰레이터(manipulator) 작동의 이상 유무 다. 제동장치 및 비상정지장치의 기능
3. 공기압축기를 가동할 때	가. 공기저장 압력용기의 외관 상태 나. 드레인밸브(drain valve)의 조작 및 배수 다. 압력방출장치의 기능 라. 언로드밸브(unloading valve)의 기능 마. 윤활유의 상태 바. 회전부의 덮개 또는 울의 상태 사. 그 밖의 연결 부위의 이상 유무
4. 크레인을 사용하여 작업을 하는 때	가. 권과방지장치·브레이크·클러치 및 운전장치의 기능 나. 주행로의 상측 및 트롤리(trolley)가 횡행하는 레일의 상태 다. 와이어로프가 통하고 있는 곳의 상태
5. 이동식 크레인을 사용하여 작업을 할 때	가. 권과방지장치나 그 밖의 경보장치의 기능 나. 브레이크·클러치 및 조정장치의 기능 다. 와이어로프가 통하고 있는 곳 및 작업장소의 지반상태
6. 리프트(간이리프트를 포함한다)를 사용하여 작업을 할 때	가. 방호장치·브레이크 및 클러치의 기능 나. 와이어로프가 통하고 있는 곳의 상태

작업의 종류	점검내용
7. 곤돌라를 사용하여 작업을 할 때	가. 방호장치·브레이크의 기능 나. 와이어로프·슬링와이어(sling wire) 등의 상태
8. 양중기의 와이어로프·달기체인·섬유로프·섬유벨트 또는 훅·샤클·링 등의 철구를 사용하여 고리걸이작업을 할 때	와이어로프 등의 이상 유무
9. 지게차를 사용하여 작업을 하는 때	가. 제동장치 및 조종장치 기능의 이상 유무 나. 하역장치 및 유압장치 기능의 이상 유무 다. 바퀴의 이상 유무 라. 전조등·후미등·방향지시기 및 경보장치 기능의 이상 유무
10. 구내운반차를 사용하여 작업을 할 때	가. 제동장치 및 조종장치 기능의 이상 유무 나. 하역장치 및 유압장치 기능의 이상 유무 다. 바퀴의 이상 유무 라. 전조등·후미등·방향지시기 및 경음기 기능의 이상 유무 마. 충전장치를 포함한 홀더 등의 결합상태의 이상 유무
11. 고소작업대를 사용하여 작업을 할 때	가. 비상정지장치 및 비상하강 방지장치 기능의 이상 유무 나. 과부하 방지장치의 작동 유무(와이어로프 또는 체인구동방식의 경우) 다. 아웃트리거 또는 바퀴의 이상 유무 라. 작업면의 기울기 또는 요철 유무 마. 활선작업용 장치의 경우 홈·균열·파손 등 그 밖의 손상 유무
12. 화물자동차를 사용하는 작업을 하게 할 때	가. 제동장치 및 조종장치의 기능 나. 하역장치 및 유압장치의 기능 다. 바퀴의 이상 유무
13. 컨베이어 등을 사용하여 작업을 할 때	가. 원동기 및 풀리(pulley) 기능의 이상 유무 나. 이탈 등의 방지장치 기능의 이상 유무 다. 비상정지장치 기능의 이상 유무 라. 원동기·회전축·기어 및 풀리 등의 덮개 또는 울 등의 이상 유무

작업의 종류	점검내용
14. 차량계 건설기계를 사용하여 작업을 할 때	브레이크 및 클러치 등의 기능
14-2. 용접·용단 작업 등의 화재위험작업을 할 때 (제2편 제2장 제2절)	가. 작업 준비 및 작업 절차 수립 여부 나. 화기작업에 따른 인근 가연성물질에 대한 방호조치 및 소화기구 비치 여부 다. 용접불티 비산방지덮개 또는 용접방화포 등 불꽃·불티 등의 비산을 방지하기 위한 조치 여부 라. 인화성 액체의 증기 또는 인화성 가스가 남아있지 않도록 하는 환기 조치 여부 마. 작업근로자에 대한 화재예방 및 피난교육 등 비상조치 여부 실력이 되고! 합격이 되는! **특급 암기법** 작업준비, 절차수립 → 불꽃비산방지 → 환기 → 소화기구 → 화재예방, 피난교육
15. 이동식 방폭구조(防爆構造) 전기기계·기구를 사용할 때	전선 및 접속부 상태
16. 근로자가 반복하여 계속적으로 중량물을 취급하는 작업을 할 때	가. 중량물 취급의 올바른 자세 및 복장 나. 위험물이 날아 흩어짐에 따른 보호구의 착용 다. 카바이드·생석회(산화칼슘) 등과 같이 온도상승이나 습기에 의하여 위험성이 존재하는 중량물의 취급방법 라. 그 밖에 하역운반기계 등의 적절한 사용방법
17. 양화장치를 사용하여 화물을 싣고 내리는 작업을 할 때	가. 양화장치(揚貨裝置)의 작동상태 나. 양화장치에 제한하중을 초과하는 하중을 실었는지 여부

2. 공정안전보고서

(1) 공정안전보고서의 작성·제출

1) **사업주**는 사업장에 대통령령으로 정하는 유해하거나 위험한 설비가 있는 경우 그 설비로부터의 위험물질 누출, 화재 및 폭발 등으로 인하여 사업장 내의 근로자에게 즉시 피해를 주거나 사업장 인근 지역에 피해를 줄 수 있는 사고로서 대통령령으로 정하는 사고("중대산업사고")를 **예방하기 위하여** 대통령령으로 정하는 바에 따라 **공정안전보고서를 작성하고 고용노동부장관에게 제출하여 심사를 받아야 한다.** 이 경우 **공정안전보고서의** 내용이 중대산업사고를 예방하기 위하여 적합하다고 통보받기 전에는 관련된 유해하거나 위험한 설비를 가동해서는 아니 된다. ✈

2) 사업주는 공정안전보고서를 작성할 때 산업안전보건위원회의 심의를 거쳐야 한다. 다만, 산업안전보건위원회가 설치되어 있지 아니한 사업장의 경우에는 근로자대표의 의견을 들어야한다. ✈

3) 공정안전보고서의 제출 시기
사업주는 유해·위험설비의 설치·이전 또는 주요 구조부분의 변경공사의 착공 30일 전까지 공정안전보고서를 2부 작성하여 공단에 **제출**하여야 한다.

(2) 공정안전보고서 제출 대상 ✈✈✈
① **원유 정제처리업**
② 기타 **석유정제물 재처리업**
③ 석유화학계 기초화학물 제조업 또는 합성수지 및 기타 플라스틱물질 제조업
④ **질소 화합물**, 질소·인산 및 칼리질 화학비료 제조업 중 **질소질 비료 제조**
⑤ 복합비료 및 기타 화학비료 제조업 중 **복합비료 제조**(단순혼합 또는 배합에 의한 경우는 제외한다)
⑥ **화학 살균·살충제 및 농업용 약제 제조업**[농약 원제(原劑) 제조만 해당한다]
⑦ **화약 및 불꽃제품 제조업**

> 화재·폭발 - 원유, 석유정제물, 화약 및 불꽃제품
> 중독·질식 - 농약, 비료(복합비료, 질소질 비료)

(3) 공정안전보고서의 내용 ✭✭✭
① 공정안전자료
② 공정위험성 평가서
③ 안전운전계획
④ 비상조치계획
⑤ 그 밖에 공정상의 안전과 관련하여 노동부장관이 필요하다고 인정하여 고시하는 사항

3. 물질안전보건자료(MSDS)

(1) 물질안전보건자료의 작성 및 제출

화학물질 또는 이를 함유한 혼합물로서 "물질안전보건자료대상물질"을 제조하거나 수입하려는 자는 다음 각 호의 사항을 적은 물질안전보건자료를 고용노동부령으로 정하는 바에 따라 작성하여 고용노동부장관에게 제출하여야 한다. 이 경우 고용노동부장관은 고용노동부령으로 물질안전보건자료의 기재 사항이나 작성 방법을 정할 때 「화학물질관리법」 및 「화학물질의 등록 및 평가 등에 관한 법률」과 관련된 사항에 대해서는 환경부장관과 협의하여야 한다.

물질안전보건자료에 적어야 하는 사항 ✭✭

1. 제품명
2. 물질안전보건자료 대상물질을 구성하는 화학물질 중 유해인자의 분류기준에 해당하는 화학물질의 명칭 및 함유량
3. 안전 및 보건상의 취급 주의 사항
4. 건강 및 환경에 대한 유해성, 물리적 위험성
5. 물리·화학적 특성 등 고용노동부령으로 정하는 사항
   ① 물리·화학적 특성
   ② 독성에 관한 정보
   ③ 폭발·화재 시의 대처방법
   ④ 응급조치 요령
   ⑤ 그 밖에 고용노동부장관이 정하는 사항

물질안전보건자료의 작성항목(Data Sheet 16가지 항목) ✯✯

1. 화학제품과 회사에 관한 정보
2. 유해·위험성
3. 구성성분의 명칭 및 함유량
4. 응급조치요령
5. 폭발·화재 시 대처방법
6. 누출사고 시 대처방법
7. 취급 및 저장방법
8. 노출방지 및 개인보호구
9. 물리화학적 특성
10. 안정성 및 반응성
11. 독성에 관한 정보
12. 환경에 미치는 영향
13. 폐기 시 주의사항
14. 운송에 필요한 정보
15. 법적규제 현황
16. 기타 참고사항

실력이 되고! 합격이 되는! **특급 암기법**

1. 제품·회사
2. 명칭·함유량
3. 물리 화학적 특성
   - 유해·위험성
   - 안전성·반응성
   - 독성
   - 환경
4. 취급·저장법
   - 운송
   - 폐기
5. 대처법
   - 노출방지·보호구
   - 응급조치
   - 누출사고
   - 폭발·화재
6. 법적규제

(2) 물질안전보건자료의 제공 ✯✯

① 물질안전보건자료 대상물질을 양도하거나 제공하는 자는 이를 양도받거나 제공받는 자에게 물질안전보건자료를 제공하여야 한다.
② 물질안전보건자료 대상물질을 제조하거나 수입한 자는 이를 양도받거나 제공받은 자에게 변경된 물질안전보건자료를 제공하여야 한다.
③ 동일한 상대방에게 같은 물질안전보건자료대상물질을 2회 이상 계속하여 양도 또는 제공하는 경우에는 해당 물질안전보건자료대상물질에 대한 물질안전보건자료의 변경이 없으면 추가로 물질안전보건자료를 제공하지 않을 수 있다. 다만, 상대방이 물질안전보건자료의 제공을 요청한 경우에는 그렇지 않다.

(3) 물질안전보건자료의 게시 및 교육 ✮✮

① 물질안전보건자료대상물질을 취급하는 사업주는 다음 각 호의 어느 하나에 해당하는 장소 또는 전산장비에 항상 물질안전보건자료를 게시하거나 갖추어 두어야 한다. 다만, 장비에 게시하거나 갖추어 두는 경우에는 고용노동부장관이 정하는 조치를 해야 한다.

물질안전보건자료를 게시 또는 비치하여야 하는 장소 ✮

- 물질안전보건자료대상물질을 취급하는 작업공정이 있는 장소
- 작업장 내 근로자가 가장 보기 쉬운 장소
- 근로자가 작업 중 쉽게 접근할 수 있는 장소에 설치된 전산장비
---

② 사업주는 물질안전보건자료 대상물질을 취급하는 작업공정별로 고용노동부령으로 정하는 바에 따라 물질안전보건자료 대상물질의 관리요령을 게시하여야 한다. (작업공정별 관리 요령은 유해성·위험성이 유사한 물질안전보건자료대상물질의 그룹별로 작성하여 게시할 수 있다)

물질안전보건자료대상물질의 작업공정별 관리요령에 포함사항 ✮✮

- 제품명
- 건강 및 환경에 대한 유해성, 물리적 위험성
- 안전 및 보건상의 취급주의 사항
- 적절한 보호구
- 응급조치 요령 및 사고 시 대처방법
---

③ 사업주는 다음 각 호의 어느 하나에 해당하는 경우에는 작업장에서 취급하는 물질안전보건자료대상물질의 내용을 근로자에게 교육하고 교육을 실시하였을 때에는 교육시간 및 내용 등을 기록하여 보존해야 한다. 이 경우 교육받은 근로자에 대해서는 해당 교육 시간만큼 안전·보건교육을 실시한 것으로 본다.

> **물질안전보건자료대상물질의 내용을 근로자에게 교육하여야 하는 경우** ✄

① 물질안전보건자료대상물질을 제조·사용·운반 또는 저장하는 작업에 근로자를 배치하게 된 경우
② 새로운 물질안전보건자료대상물질이 도입된 경우
③ 유해성·위험성 정보가 변경된 경우

(4) 물질안전보건자료 대상물질 용기 등의 경고표시 ✄✄

① 물질안전보건자료 대상물질을 양도하거나 제공하는 자는 고용노동부령으로 정하는 방법에 따라 이를 담은 용기 및 포장에 경고표시를 하여야한다.
② 사업주는 사업장에서 사용하는 물질안전보건자료 대상물질을 담은 용기에 고용노동부령으로 정하는 방법에 따라 경고표시를 하여야 한다.

(5) 물질안전보건자료 작성 제외 대상 ✄✄

1. 「건강기능식품에 관한 법률」에 따른 건강기능식품
2. 「농약관리법」에 따른 농약
3. 「마약류 관리에 관한 법률」에 따른 마약 및 향정신성의약품
4. 「비료관리법」에 따른 비료
5. 「사료관리법」에 따른 사료
6. 「생활주변방사선 안전관리법」에 따른 원료물질
7. 「생활화학제품 및 살생물제의 안전관리에 관한 법률」에 따른 안전확인대상 생활화학제품 및 살생물제품 중 일반소비자의 생활용으로 제공되는 제품
8. 「식품위생법」에 따른 식품 및 식품첨가물
9. 「약사법」에 따른 의약품 및 의약외품
10. 「원자력안전법」에 따른 방사성물질
11. 「위생용품 관리법」에 따른 위생용품
12. 「의료기기법」에 따른 의료기기
13. 「총포·도검·화약류 등의 안전관리에 관한 법률」에 따른 화약류
14. 「폐기물관리법」에 따른 폐기물
15. 「화장품법」에 따른 화장품
16. 제1호부터 제15호까지의 규정 외의 화학물질 또는 혼합물로서 일반소비자의 생활용으로 제공되는 것(일반소비자의 생활용으로 제공되는 화학물질 또는 혼합물이 사업장 내에서 취급되는 경우를 포함한다)

17. 고용노동부장관이 정하여 고시하는 연구·개발용 화학물질 또는 화학제품. 이 경우 법 제110조제1항부터 제3항까지의 규정에 따른 자료의 제출만 제외된다.
18. 그 밖에 고용노동부장관이 독성·폭발성 등으로 인한 위해의 정도가 적다고 인정하여 고시하는 화학물질

실패가 되듯! 합격가 되듯! 특급 암기법

> 비료로 농사지은 식품, 건강식품, 위생용품 폐기물에서 화약, 방사성 원료물질 나와서 소비자용 의료기기, 의약품, 마약, 화장품으로 치료했다.

4. 유해·위험방지 계획서

(1) 유해·위험방지 계획서 작성대상 사업(제조업) ✰✰✰

"대통령령으로 정하는 업종 및 규모에 해당하는 사업"이란 다음 각 호의 어느 하나에 해당하는 사업으로서 전기사용설비의 정격용량의 합이 300킬로와트 이상인 사업을 말한다. ✰✰

① 1차 금속 제조업
② 금속가공제품(기계 및 가구는 제외한다) 제조업
③ 비금속 광물제품 제조업
④ 목재 및 나무제품 제조업
⑤ 화학물질 및 화학제품 제조업
⑥ 기타 기계 및 장비 제조업
⑦ 자동차 및 트레일러 제조업
⑧ 고무제품 및 플라스틱제품 제조업
⑨ 기타 제품 제조업
⑩ 식료품 제조업
⑪ 반도체 제조업
⑫ 가구 제조업
⑬ 전자부품제조업

(2) 유해·위험방지계획서 작성대상(기계·기구 및 설비) ✰✰✰

① 금속이나 그 밖의 광물의 용해로
② 화학설비
③ 건조설비
④ 가스집합 용접장치

⑤ 근로자의 건강에 상당한 장해를 일으킬 우려가 있는 물질로서 고용노동부령으로 정하는 물질의 밀폐 · 환기 · 배기를 위한 설비

(3) 유해 · 위험방지계획서 작성대상(건설공사) ✖✖✖

① 다음 각 목의 어느 하나에 해당하는 건축물 또는 시설 등의 건설 · 개조 또는 해체공사

  가. 지상높이가 31미터 이상인 건축물 또는 인공구조물
  나. 연면적 3만 제곱미터 이상인 건축물
  다. 연면적 5천 제곱미터 이상인 시설로서 다음의 어느 하나에 해당하는 시설
   1) 문화 및 집회시설(전시장 및 동물원 · 식물원은 제외한다)
   2) 판매시설, 운수시설(고속철도의 역사 및 집배송시설은 제외한다)
   3) 종교시설
   4) 의료시설 중 종합병원
   5) 숙박시설 중 관광숙박시설
   6) 지하도상가
   7) 냉동 · 냉장 창고시설

② 연면적 5천제곱미터 이상의 냉동·냉장창고시설의 설비공사 및 단열공사
③ 최대 지간길이(다리의 기둥과 기둥의 중심사이의 거리)가 50미터 이상인 교량건설 등 공사
④ 터널 건설 등의 공사
⑤ 다목적댐, 발전용댐 및 저수용량 2천만톤 이상의 용수 전용 댐, 지방상수도 전용 댐 건설
⑥ 깊이 10미터 이상인 굴착공사

실력이 되네! 합격이 되네! 특급 암기법

- 지상높이 31m, 연면적 3만m², 사람 많은 시설 연면적 5,000m²
- 연면적 5,000m² 냉동 · 냉장창고시설
- 최대 지간길이가 50미터 이상 교량
- 터널
- 저수용량 2천만 톤 이상 댐
- 10미터 이상인 굴착

(4) 유해 · 위험방지계획서 제출서류(제조업 및 대상 기계 · 기구설비) ✖

사업주가 제조업 대상 사업, 대상기계 · 기구 설비에 해당하는 유해 · 위험방지계획서를 제출하려면 다음 각 호의 서류를 첨부하여 해당 공사 착공 15일 전까지 공단에 2부를 제출하여야 한다. ✖

제조업 대상 사업 첨부서류	① 건축물 각 층의 평면도 ② 기계·설비의 개요를 나타내는 서류 ③ 기계·설비의 배치도면 ④ 원재료 및 제품의 취급, 제조 등의 작업방법의 개요 ⑤ 그 밖에 고용노동부장관이 정하는 도면 및 서류
대상 기계·기구 설비 첨부서류	① 설치장소의 개요를 나타내는 서류 ② 설비의 도면 ③ 그 밖에 고용노동부장관이 정하는 도면 및 서류

(5) 유해·위험방지계획서 첨부서류(건설공사) ✮

사업주가 건설공사에 해당하는 유해·위험방지계획서를 제출하려면 건설공사 유해·위험방지계획서 다음 각 호 서류를 첨부하여 해당 공사의 착공 전날까지 공단에 2부를 제출하여야 한다. ✮

① 공사 개요 및 안전보건관리계획
  ㉠ 공사 개요서
  ㉡ 공사현장의 주변 현황 및 주변과의 관계를 나타내는 도면
    (매설물 현황을 포함)
  ㉢ 건설물, 사용 기계설비 등의 배치를 나타내는 도면
  ㉣ 전체 공정표
  ㉤ 산업안전보건관리비 사용계획
  ㉥ 안전관리 조직표
  ㉦ 재해 발생 위험 시 연락 및 대피방법
② 작업공사 종류별 유해·위험방지계획

(6) 유해위험 방지계획서 심사 결과의 구분 ✰✰

① 적정	근로자의 안전과 보건을 위하여 필요한 조치가 구체적으로 확보되었다고 인정되는 경우
② 조건부 적정	근로자의 안전과 보건을 확보하기 위하여 일부 개선이 필요하다고 인정되는 경우
③ 부적정	기계·설비 또는 건설물이 심사기준에 위반되어 공사착공 시 중대한 위험발생의 우려가 있거나 계획에 근본적 결함이 있다고 인정되는 경우

> 비교합시다! [공정안전보고서 심사 결과의 구분 ✰✰]

적정	보고서의 심사기준을 충족시킨 경우
조건부 적정	보고서의 심사기준을 대부분 충족하고 있으나 **부분적인 보완**이 필요하다고 판단할 경우
부적정	보고서의 심사기준을 충족시키지 못한 경우

PART 02 인간공학 및 위험성 평가 · 관리

제1장 안전과 인간공학

1. 인간공학의 정의

① 인간의 특성과 한계능력을 공학적으로 분석·평가하여 이를 복잡한 체계의 설계에 응용함으로써 효율을 최대로 활용할 수 있도록 하는 학문분야
② 인간 공학은 기계와 그 기계조작 및 환경조건을 인간의 특성에 맞추어 설계하기위한 수단을 연구하는 학문이다.

2. 인간 - 기계의 기능 비교 ☆

구 분	인간의 장점	기계의 장점
감지기능	• 저에너지 자극감지 • 다양한 자극 식별 • 예기치 못한 사건 감지	• 인간의 감지범위 밖의 자극 감지 • 인간·기계의 모니터 기능
정보처리 결정	• 많은 양의 정보를 장시간 보관 • 귀납적, 다양한 문제 해결	• 정보를 신속, 대량 보관 • 연역적, 정량적 문제 해결

3. 인간 - 기계 통합시스템(man-machine system)의 정보처리 기능 ☆☆

① **감지기능** : 인간은 감각기관, 기계는 전자 장치 및 기계 장치를 통하여 감지한다.
② **정보보관 기능** : 인간은 두뇌, 기계는 자기테이프 및 천공카드에 보관한다.
③ **정보처리 및 의사결정** : 기억된 내용을 근거로 간단하거나 복잡한 과정을 통해 의사 결정을 내리는 과정이다.
④ **행동** : 결정된 사항의 실행과 조정을 하는 과정이다.
  ㉠ 인간의 행동기능 : 신체제어
  ㉡ 기계의 행동기능 : 음성, 신호, 출력 등 ☆

4. 인간 - 기계 통합시스템(man-machine system)의 유형 ☆☆

① 수동시스템
  ㉠ 사용자가 손공구나 기타 보조물 등을 사용하여 자기의 신체적 힘을 동력원

으로 하여 작업을 수행하는 시스템이다.
ⓒ 가장 다양성이 높은 체계이다.
예 장인과 공구

② 기계시스템(반자동 시스템)
ⓐ 여러 종류의 동력 공작 기계와 같이 고도로 통합된 부품들로 구성되어 있다.
ⓑ 인간의 역할은 제어 기능을 담당하고, 힘에 대한 공급은 기계가 담당한다.
ⓒ 운전자의 조종에 의해 운용되며 융통성이 없는 시스템이다.
예 자동차, 공작기계 등

③ 자동 시스템
ⓐ 기계가 감지, 정보 처리 및 의사 결정, 행동 기능 및 정보 보관 등 모든 임무를 미리 설계된 대로 수행하게 된다.
ⓑ 인간은 감시, 감독, 보전 등의 역할을 담당하게 된다.
예 컴퓨터, 자동교환대 등

5. 기계설비 고장 유형 ✭✭

① 초기고장(감소형)
ⓐ 설계상·구조상 결함, 불량 제조·생산 과정 등의 품질관리 미비로 생기는 고장 형태
ⓑ 점검 작업이나 시운전 작업 등으로 사전에 방지할 수 있는 고장
ⓒ 욕조곡선(Bathtub) : 예방보전을 하지 않을 때의 곡선은 서양식 욕조 모양과 비슷하게 나타나는 현상

[예방보전(PM : Preventive Maintenance) 기간 ✭]

디버깅(Debugging) 기간	기계의 결함을 찾아내 단시간 내 고장률을 안정시키는 기간
번인(Burn in) 기간	기계를 장시간 가동하여 그동안에 고장난 것을 제거하는 기간
에이징(Agnig)	비행기에서 3년 이상 시운전하는 기간
스크리닝(screening)	기기의 신뢰성을 높이기 위하여 품질이 떨어지는 것이나 고장 발생 초기의 것을 선별, 제거하는 것

② 우발고장(일정형)
ⓐ 예측할 수 없을 때에 생기는 고장의 형태
ⓑ 사용자의 실수, 천재지변, 우발적 사고 등이 원인이다.
ⓒ 기계마다 일정하게 발생되며 고장률이 가장 낮다.

우발고장의 고장원인
• 안전계수가 낮기 때문   • 사용자의 과오 때문 • 최선의 검사방법으로도 탐지되지 않는 결함 때문에

③ 마모고장(증가형)
  ㉠ 기계적 요소나 부품의 마모, 사람의 노화 현상 등에 의해 고장률이 상승하는 형이다.
  ㉡ 고장이 일어나기 직전에 교환, 안전 진단 및 적당한 보수에 의해서 방지할 수 있는 고장이다.

④ 기계설비의 고장 유형 곡선 ✖✖

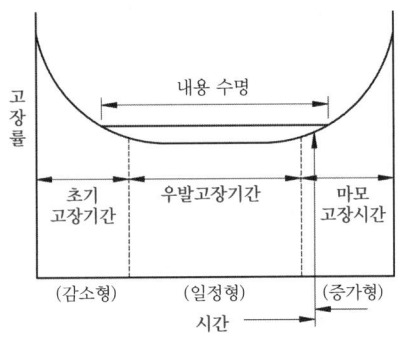

[욕조곡선(Bathtub curve)]

6. 체계분석 및 설계의 인간공학적 가치

① **성능의 향상** : 적절한 유능한 운용자
② **훈련비용의 절감** : 숙련도
③ **인력 이용률의 향상** : 인력자원의 효과적 이용
④ **사고 및 오용으로부터의 손실 감소** : 인간공학 원칙 적용
⑤ **생산 및 보전의 경제성 증대** : 설계 단순화 및 인간공학 원칙 적용
⑥ **사용자의 수용도 향상** : 운용 및 보전성 용이

7. 체계기준(system criteria)의 요건 ✖

① **적절성** : 의도된 목적에 적합하여야 한다.
② **무오염성** : 측정하고자 하는 변수외의 다른 변수의 영향을 받아서는 안 된다.
③ **신뢰성** : 반복실험 시 재현성이 있어야 한다.(반복성)
④ **민감도** : 예상차이점에 비례하는 단위로 측정하여야 한다.

8. 인간기준 : 인간성능(Human Performance)에 의한 판단 기준 ✖

① **인간성능 척도** : 여러 가지 감각활동, 정신활동, 근육활동에 의해 판단(자극에 대한 반응시간)
② **생리학적 지표** : 맥박, 혈압, 뇌파, 호흡수 등으로 판단
③ **주관적인 반응** : 개인성능 평점, 체계설계에 대한 대안에 대한 평점등 주관적 평가로 판단
④ **사고빈도** : 사고나 상해발생 빈도에 의해 판단

9. 신뢰성 설계

① 중복(Redundancy)설계 : 일부에 고장이 발생해도 전체 고장이 일어나지 않도록 여력인 부분을 추가하여 중복 설계한다.(병렬설계)
② 부품의 단순화와 표준화
③ 인간공학적 설계와 보전성 설계

10. 휴먼에러의 심리적 분류(Swain의 분류) ✮✮

① omission error (누설오류, 생략오류, 부작위오류)	필요한 작업 또는 절차를 수행하지 않는데 기인한 에러
② time error(시간오류)	필요한 작업 또는 절차의 수행 지연으로 인한 에러
③ commission error(작위오류)	필요한 작업 또는 절차의 불확실한 수행으로 인한 에러
④ sequential error(순서오류)	필요한 작업 또는 절차의 순서 착오로 인한 에러
⑤ extraneous error (과잉행동오류)	불필요한 작업 또는 절차를 수행함으로써 기인한 에러

11. 원인의 레벨적 분류 ✮✮

① primary error(1차 에러)	작업자 자신으로부터 발생한 에러
② secondary error(2차 에러)	작업형태, 작업조건 중 문제가 생겨 필요한 사항을 실행할 수 없어 발생한 에러
③ command error	실행하고자 하여도 필요한 물품, 정보, 에너지 등이 공급되지 않아서 작업자가 움직일 수 없는 상태에서 발생한 에러

12. 대뇌 정보처리 에러

① 제1단계 : 인지단계 - 인지(확인) 에러(입력에러)
외계로부터 작업정보의 습득으로부터 감각 중추로 인지되기까지 일어날 수 있는 에러이며, 확인 착오도 이에 포함된다.

② 제2단계 : 판단단계 - 판단(기억) 에러
중추신경의 의사과정에서 일으키는 에러로써 의사결정의 착오나 기억에 관한 실패도 여기에 포함된다.

② 제3단계 : 조작단계 - 조작(동작) 에러(반응에러)
운동 중추에서 올바른 지령이 주어졌으나 동작 도중에 일어난 에러이다.

13. 인간의 정보처리 과정에서 발생되는 에러 ✩

Mistake (착오, 착각)	• 인지과정과 의사결정과정에서 발생하는 에러 • 상황해석을 잘못하거나 틀린 목표를 착각하여 행하는 경우
Lapse (건망증)	• 저장단계에서 발생하는 에러 • 어떤 행동을 잊어버리고 안하는 경우
Slip (실수, 미끄러짐)	• 실행단계에서 발생하는 에러 • 상황(목표)해석은 제대로 하였으나 의도와는 다른 행동을 하는 경우

14. 휴먼 에러의 배후요인(4M) ✩✩✩

① Man(인간)	본인외의 사람, 직장의 인간관계 등
② Machine(기계)	기계, 장치 등의 물적 요인
③ Media(매체)	작업정보, 작업방법 등(인간과 기계를 연결하는 매개체이다)
④ Management(관리)	작업관리, 법규준수, 단속, 점검 등

15. 인간실수 예방기법

(1) 페일세이프(Fail-Safe) ✩✩✩
기계 설비에 결함이 발생되더라도 사고가 발생하지 않도록 2중, 3중으로 통제를 가한다.

① Fail Passive	부품의 고장 시 기계장치는 정지 상태로 옮겨간다.
② Fail active	부품이 고장나면 경보를 울리며 짧은 시간 운전이 가능하다.
③ Fail operational	부품의 고장이 있어도 다음 정기점검까지 운전이 가능하다.

(2) 풀프루프(Fool-proof) ✨✨✨

인간의 실수가 있더라도 사고로 연결되지 않도록 2중, 3중으로 통제를 가한다.

제2장. 위험성 파악·결정

1. 시스템 안전성 확보책

① 위험 상태의 존재 최소화
② 안전 장치의 채택
③ 경보 장치의 채택
④ 특수 수단 개발, 표식의 규격화

2. 예비 위험 분석(PHA : Preliminary Hazards Analysis)

모든 시스템 안전 프로그램의 최초 단계(설계단계, 구상단계)에서 실시하는 분석법으로서 시스템 내의 위험요소가 얼마나 위험한 상태에 있는가를 정성적으로 평가하는 기법이다. ✨✨

[PHA 카테고리 분류 ✨]

Class 1. 파국적(catastrophic)	사망, 시스템 손상
Class 2. 위기적(critical)	심각한 상해, 시스템 중대 손상
Class 3. 한계적(marginal)	경미한 상해, 시스템 성능 저하
Class 4. 무시(negligible)	경미한 상해 및 시스템 저하 없음

3. 결함위험분석(FHA : Fault Hazards Analysis)

서브시스템(subsystem)의 해석에 사용되는 분석법이다. ✨✨

4. 고장형태와 영향분석(FMEA : Failure Modes and Effects Analysis)

(1) 시스템에 영향을 미치는 모든 요소의 고장을 형태별로 분석하여 그 영향을 검토하는 정성적, 귀납적 분석법이다. ✨✨

(2) FMEA 고장영향과 발생확률(β)에 따른 위험성 분류 ☆

FMEA 고장영향과 발생확률(β)에 따른 분류	위험성 분류 표시
• 실제손실 $\beta = 1.00$ • 예상되는 손실 $0.1 < \beta < 1.00$ • 가능한 손실 $0 < \beta \leq 0.1$ • 영향 없음 $\beta = 0$	• category 1 : 생명 또는 가옥의 상실 • category 2 : 임무 수행의 실패 • category 3 : 활동의 지연 • category 4 : 손실과 영향없음

(3) FMEA의 실시절차

1단계 : 대상 시스템의 분석	• 기기 및 시스템의 구성 및 기능의 전반적 파악 • FMEA의 실시를 위한 기본방침의 설정 • 기능 BLOCK과 신뢰성 BLOCK도의 작성
2단계 : 고장형과 그 영향의 검토	• 고장 모드의 예측과 설정 • 고장 원인의 상정 • 상위 아이템에 대한 고장 영향의 검토 • 고장 검지법의 검토 • 고장에 대한 보상법과 대응법의 검토 • FMEA WORK SHEET에 관한 기입 • 고장등급의 평가
3단계 : 치명도 해석과 개선책의 검토	• 치명도 해석 • 해석결과의 정리

(4) FMEA의 기재사항
① 요소의 명칭
② 고장의 형
③ 다른 요소 및 전 시스템에 대한 고장의 영향
④ 위험성의 분류
⑤ 고장의 발견방법
⑥ 시정방법

5. ETA(Event Tree Analysis)와 DT(Dicision Trees)

① ETA(Event Tree Analysis) : 사상의 안전도를 사용하여 시스템의 안전도 나타내는 귀납적·정량적인 분석법이다. ☆☆
② DT(dicision Trees) : 요소의 신뢰도를 이용하여 시스템의 신뢰도를 나타내는 기법으로 귀납적이고, 정량적인 분석 방법이다. ☆☆

6. 치명도 분석(CA : Critically Analysis)

① 고장이 직접 시스템의 손실과 인명의 사상에 연결되는 높은 위험도를 가진 요소나 고장의 형태에 따른 분석법이다.
② 고장이 시스템에 얼마나 치명적인 영향을 끼치는 지에 대한 고장을 정량적으로 분석하는 기법이다. ☆☆

7. 인간에러율 예측기법(THERP : Technique of Human Error Rate Prediction)

인간의 과오(human error)를 정량적으로 평가하기 위하여 1963년 Swain 등에 의해 개발된 기법이다. ✮✮

8. MORT(Management Oversight and Risk Tree) ✮✮

관리, 설계, 생산, 보전 등의 광범위한 안전을 도모하기 위한 연역적이고, 정량적인 분석법이다.

9. 운용 및 지원위험 분석(O&S : operating & support 또는 OSHA) ✮✮

시스템의 모든 사용단계에서 생산, 보전, 시험, 운반, 구출, 구조, 훈련 및 폐기 등에 사용되는 인원, 순서, 설비에 관하여 위험을 동정하고 그것들의 안전요건을 결정하기 위한 분석법이다.

10. FAFR(Fatality Accident Frequency Rate)

위험도를 표시하는 단위로 10^8(1억)시간당 사망자 수를 나타낸다.

$$\text{FAFR} = \frac{\text{사망자수}}{\text{총 작업시간수}} \times 10^8 \text{ ✮}$$

11. HAZOP(Hazard and Operability, 위험 및 운전성 검토)

각각의 장비에 대해 잠재된 위험이나 기능저하 등 시설에 결과적으로 미칠 수 있는 영향을 평가하기 위하여 공정이나 설계도 등에 체계적인 검토를 행하는 것을 말한다.

유인어의 종류와 뜻 ✮

- No 또는 Not : 완전한 부정
- More 또는 Less : 양의 증가 및 감소
- As Well As : 성질상의 증가
- Part of : 일부변경, 성질상의 감소
- Reverse : 설계의도의 논리적인 역
- Other Than : 완전한 대체

12. 결함수분석법(FTA : Fault Tree Analysis)의 정의 및 특징

(1) FTA의 특징

시스템 고장을 발생시키는 사상과 원인과의 관계를 논리기호(AND와 OR)를 사용하여 나뭇가지 모양의 그림(Tree)으로 나타낸 FT(Fault Tree)를 만들고 이에 의거하여 시스템의 고장확률을 구함으로서 취약 부분을 찾아내어 시스템의 신뢰도를 개선하는 정량적 고장해석 및 신뢰성 평가 방법이다.

[FTA의 장점★]

① 사고원인 규명의 간편화	사고의 세부적인 원인목록을 작성하여 전문지식이 부족한 사람도 목록만을 가지고 해당사고의 구조를 파악할 수 있다.
② 사고원인 분석의 일반화	재해발생의 모든 원인들의 연쇄를 한눈에 알기 쉽게 Tree상으로 표현할 수 있다.
③ 사고원인 분석의 정량화	FTA에 의한 재해발생 원인의 정량적 해석과 예측, 컴퓨터 처리 및 통계적인 처리가 가능하다.
④ 노력, 시간의 절감	FTA의 전산화를 통하여 사고발생에의 기여도가 높은 중요원인을 분석 파악하여 사고예방을 위한 노력과 시간을 절감할 수 있다.
⑤ 시스템의 결함 진단	복잡한 시스템 내의 결함을 최소시간과 최소비용으로 효과적인 교정을 통하여 재해발생 초기에 필요한 조치를 취할 수 있다.
⑥ 안전점검 Check List 작성	FTA에 의한 재해원인 분석을 토대로 안전점검상 중점을 두어야 할 부분 등을 체계적으로 정리한 안전점검 Check List를 만들 수 있다.

[FTA의 단점]

① 숙련된 전문가 필요	FTA를 수행하기 위하여는 이 분야에 전문지식을 가진 숙련자가 필요하다.
② 시간 및 경비의 소요	분석대상 시스템이나 공정의 크기에 따라 소요 시간과 경비는 차이가 있을 수 있으나 일반적으로 정성 평가에 비하여 막대한 시간과 경비가 소요된다.
③ 고장율 자료 확보	성공적인 FTA를 위하여 설비, 부품의 정확한 고장율 확보가 전제되어야 한다.
④ 단일사고의 해석	FTA는 공정에서 발생 가능한 사고를 가정하여 그 발생 확률과 중요원인을 규명하는 방법으로서 예상치 못한 사고 또는 사소한 위험성은 간과하기 쉽다.
⑤ 논리게이트 선택의 신중	분석자의 의식 중에는 항상 사고확률의 감소라는 개념이 잠재되어 있다고 볼 수 있다. 따라서 특히 AND게이트 선택시에는 논리적으로 타당한가를 신중히 검토하여야 정확한 FTA 결과를 도출할 수 있다.

13. 논리기호 및 사상기호 ☆☆

기호	명명	기호설명
○	기본사상	더 이상 전개할 수 없는 사건의 원인
◇	생략사상	관련정보가 미비하여 계속 개발될 수 없는 특정 초기사상
⌂	통상사상	발생이 예상되는 사상
□	결함사상 (정상사상, 중간사상)	한 개 이상의 입력에 의해 발생된 고장사상
⌂	OR게이트	한 개 이상의 입력이 발생하면 출력사상이 발생하는 논리게이트
⌒	AND게이트	입력사상이 전부 발생하는 경우에만 출력사상이 발생하는 논리게이트
또는 (동시발생)	배타적 OR게이트	입력사상 중 오직 한 개의 발생으로만 출력사상이 생성되는 논리게이트
또는 (A_i, A_j, A_k 순으로)	우선적 AND 게이트	입력사상이 특정 순서대로 발생한 경우에만 출력사상이 발생하는 논리게이트
2개의 출력	조합 AND게이트	3개 이상의 입력 중 2개가 일어나면 출력이 생긴다.
△	전이기호	다른 부분에 있는 게이트와의 연결 관계를 나타내기 위한 기호
△	전이기호(IN)	삼각형 정상의 선은 정보의 전입루트를 나타낸다.
△	전이기호 (OUT)	삼각형 옆의 선은 정보의 전출루트를 나타낸다.
▽	전이기호 (수량이 다르다)	

기호	명명	기호설명
◯-◯	억제게이트	이 게이트의 출력사상은 한 개의 입력사상에 의해 발생되며, 입력사상이 출력사상을 생성하기 전에 특정조건을 만족하여야 하는 논리게이트
◯	조건부사상	논리게이트에 연결되어 사용되며, 논리에 적용되는 조건이나 제약 등을 명시한다.
A	부정게이트	입력과 반대현상의 출력 생김
(위험지속기간)	위험지속 AND 게이트	입력이 생겨서 일정시간이 지속될 때 출력이 생긴다.

14. FTA에 의한 재해사례 연구 순서 ✯✯

1단계	⇨	2단계	⇨	3단계	⇨	4단계
톱사상의 설정		재해 원인 규명		FT도의 작성		개선계획의 작성

15. 컷셋과 패스셋

(1) 컷셋(Cut Set) ✯✯
① 정상사상을 발생시키는 기본사상의 집합
② 모든 기본사상이 일어났을 때 정상사상을 일으키는 기본사상들의 집합이다.

(2) 미니멀 컷(Minimal Cut Set) ✯✯
① 정상사상을 일으키기 위한 기본사상의 최소집합
② 컷셋 중 타켓셋을 포함하고 있는 것을 배제하고 남은 컷셋들을 의미(최소한의 컷)
③ 시스템의 위험성을 나타낸다.

(3) 패스셋(Path Set) ✯✯
① 시스템의 고장을 일으키지 않는 기본사상들의 집합
② 포함된 기본사상이 일어나지 않을 때 처음으로 정상 사상이 일어나지 않는 기본 사상들의 집합이다.

(4) 미니멀 패스(Minimal Path Set) ✯✯
① 시스템의 기능을 살리는 최소한의 집합(최소한의 패스)
② 시스템의 신뢰성 나타낸다.

16. 정성적, 정량적 분석

(1) 설비의 신뢰도 ✿✿✿

① 직렬연결

㉠ 요소 중 하나만 고장나도 전체 시스템이 고장나는 형태이다.
㉡ 전체 시스템의 수명은 요소 중 가장 짧은 것으로 결정된다.

$$-\boxed{R_1}-\boxed{R_2}-\boxed{R_3}-\quad 신뢰도\ R_s = R_1 \times R_2 \times R_3$$

② 병렬연결

㉠ 요소 중 하나만 정상이라도 전체 시스템은 정상 가동된다.
㉡ 전체 시스템의 수명은 요소 중 가장 긴 것으로 결정된다.

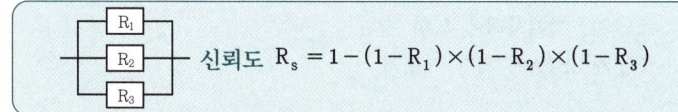

신뢰도 $R_s = 1-(1-R_1)\times(1-R_2)\times(1-R_3)$

17. 안전성 평가 6단계 ✿✿

1단계	2단계	3단계	4단계	5단계	6단계
관계자료의 정비검토	정성적인 평가	정량적인 평가	안전대책 수립	재해사례에 의한 평가	FTA에 의한 재평가

① 1단계 : 관계자료의 정비검토(작성준비)

관계자료 조사 항목
• 입지조건 • 화학설비 배치도 • 건조물의 평면도, 단면도 및 입면도 • 제조 공정의 개요 • 기계실 및 전기실의 평면도, 단면도 및 입면도 • 공정계통도 • 운전 요령 • 요원 배치 계획 • 배관이나 계장 등의 계통도 • 제조 공정상 일어나는 화학반응 • 원재료, 중간체, 제품 등의 물리화학적 성질 및 인체에 미치는 영향

② 2단계 : 정성적인 평가

정성적 평가항목 ✪
① 입지 조건   ② 공장 내의 배치   ③ 소방설비   ④ 공정 기기 ⑤ 수송·저장   ⑥ 원재료   ⑦ 중간체   ⑧ 제품

③ 3단계 : 정량적인 평가

정량적 평가항목 ✪
① 취급물질   ② 화학설비의 용량   ③ 온도 ④ 압력   ⑤ 조작

④ 4단계 : 안전대책 수립
⑤ 5단계 : 재해사례에 의한 평가
⑥ 6단계 : FTA에 의한 재평가

18. MTBF(평균고장간격 : Mean Time Between Failures)

수리 가능한 제품에서 고장~다음 고장까지 시간의 평균치(신뢰도)를 말한다.

[고장률과 신뢰도 ✪✪]

① 고장률	고장률$(\lambda) = \dfrac{\text{고장건수}}{\text{총 가동시간}}$ (건/시간)
② MTBF(평균고장시간)	$\text{MTBF} = \dfrac{1}{\text{고장률}(\lambda)}$ (시간)
③ 신뢰도 (고장나지 않을 확률)	신뢰도란 고장나지 않을 확률을 말한다. $R(t) = e^{-\frac{t}{t_0}} = e^{-\lambda \times t}$ 여기서, t_0 : 평균고장시간 or 평균수명 t : 앞으로 고장 없이 사용할 시간 λ : 고장률
④ 불신뢰도 (고장 날 확률)	1 - 신뢰도

19. MTTF(고장까지의 평균시간 : Mean Time to Failure) ✭✭

수리가 불가능한 제품에서 처음 고장날 때까지의 시간(평균수명)을 말한다.

[계의 수명 ✭✭]

① 직렬계의 수명	$\text{MTTF(MTBF)} \times \dfrac{1}{\text{요소갯수}(n)}$
② 병렬계의 수명	$\text{MTTF(MTBF)} \times \left(1 + \dfrac{1}{2} + \dfrac{1}{3} + \cdots + \dfrac{1}{n}\right)$ 여기서, n : 요소의 개수

20. MTTR(Mean Time to Repair) ✭✭

평균 수리에 소요되는 시간을 말한다.

[MTTR과 설비가동률 ✭]

① MTTR	$\text{MTTR} = \dfrac{\text{수리시간 합계}}{\text{수리횟수}}$ (시간)
② 설비가동률	$\text{설비가동률} = \dfrac{\text{MTBF}}{\text{MTBF} + \text{MTTR}} = \dfrac{\dfrac{1}{\lambda}}{\dfrac{1}{\lambda} + \dfrac{1}{\mu}}$ 여기서, λ : 고장률, μ : 수리율

제3장 위험성 감소대책 수립·시행

1. 위험성 평가의 정의

사업주가 스스로 유해·위험요인을 파악하고 해당 유해·위험요인의 위험성 수준을 결정하여, 위험성을 낮추기 위한 적절한 조치를 마련하고 실행하는 과정을 말한다.

2. 위험성평가의 대상

① 위험성평가의 대상이 되는 유해·위험요인은 업무 중 근로자에게 노출된 것이 확인되었거나 노출될 것이 합리적으로 예견 가능한 모든 유해·위험요인이다. 다만, 매우 경미한 부상 및 질병만을 초래할 것으로 명백히 예상되는 유해·위험요인은 평가 대상에서 제외할 수 있다.

② 사업주는 사업장 내 부상 또는 질병으로 이어질 가능성이 있었던 상황(이하 "아차사고"라 한다)을 확인한 경우에는 해당 사고를 일으킨 유해·위험요인을 위험성평가의 대상에 포함시켜야 한다.

③ 사업주는 사업장 내에서 중대재해가 발생한 때에는 지체 없이 중대재해의 원인이 되는 유해·위험요인에 대해 위험성평가를 실시하고, 그 밖의 사업장 내 유해·위험요인에 대해서는 위험성평가 재검토를 실시하여야 한다.

3. 위험성평가의 실시 시기

(1) 사업주는 사업이 성립된 날(사업 개시일을 말하며, 건설업의 경우 실착공일을 말한다)로부터 1개월이 되는 날까지 위험성평가의 대상이 되는 유해·위험요인에 대한 최초 위험성평가의 실시에 착수하여야 한다. 다만, 1개월 미만의 기간 동안 이루어지는 작업 또는 공사의 경우에는 특별한 사정이 없는 한 작업 또는 공사 개시 후 지체 없이 최초 위험성평가를 실시하여야 한다.

(2) 수시평가를 하여야 하는 경우

① 사업장 건설물의 설치·이전·변경 또는 해체
② 기계·기구, 설비, 원재료 등의 신규 도입 또는 변경
③ 건설물, 기계·기구, 설비 등의 정비 또는 보수(주기적·반복적 작업으로서 이미 위험성평가를 실시한 경우에는 제외)
④ 작업방법 또는 작업절차의 신규 도입 또는 변경
⑤ 중대산업사고 또는 산업재해(휴업 이상의 요양을 요하는 경우에 한정한다) 발생

⑥ 그 밖에 사업주가 필요하다고 판단한 경우

4. 사업장 위험성평가의 방법

① 위험 가능성과 중대성을 조합한 빈도·강도법
② 체크리스트(Checklist)법
③ 위험성 수준 3단계(저·중·고) 판단법
④ 핵심요인 기술(One Point Sheet)법
⑤ 그 외 공정위험성평가 기법

5. 유해·위험요인을 파악하는 방법

업종, 규모 등 사업장 실정에 따라 다음 각 호의 방법 중 어느 하나 이상의 방법을 사용하되, 특별한 사정이 없으면 제1호에 의한 방법을 포함하여야 한다.

가. 사업장 순회점검에 의한 방법
나. 근로자들의 상시적 제안에 의한 방법
다. 설문조사·인터뷰 등 청취조사에 의한 방법
라. 물질안전보건자료, 작업환경측정결과, 특수건강진단결과 등 안전보건 자료에 의한 방법
마. 안전보건 체크리스트에 의한 방법
바. 그 밖에 사업장의 특성에 적합한 방법

6. 위험성평가의 절차

사업주는 위험성평가를 다음의 절차에 따라 실시하여야 한다. 다만, 상시근로자 5인 미만 사업장(건설공사의 경우 1억원 미만)의 경우 제1호의 절차를 생략할 수 있다.

① 사전준비
② 유해·위험요인 파악
③ 위험성 결정
④ 위험성 감소대책 수립 및 실행
⑤ 위험성평가 실시내용 및 결과에 관한 기록 및 보존

7. 위험성 평가 기록에 포함사항

① 위험성평가 대상의 유해·위험요인
② 위험성 결정의 내용
③ 위험성 결정에 따른 조치의 내용
④ 위험성평가를 위해 사전조사 한 안전보건정보

⑤ 그 밖에 사업장에서 필요하다고 정한 사항

제4장 근골격계질환 예방관리

1. 근골격계질환(누적외상성질환,CTDs)의 발생요인 ✗

① 반복적인 동작
② 부적절한 작업 자세
③ 무리한 힘의 사용
④ 날카로운 면과의 신체접촉
⑤ 진동 및 온도(저온)

2. 근골격계 질환의 유형 ✗

① 점액낭염(윤활낭염: bursitis): 관절 사이의 윤활액을 싸고 있는 윤활낭에 염증이 생기는 질병을 말한다.
② 건초염(tenosynovitis), 건염(tendonitis): 건초염은 건막에 염증이 생기는 질환이며 건염(tendonitis)은 건에 염증이 생기는 질환으로 건염과 건초염을 정확히 구분하기 어렵다.
③ 손목뼈 터널 증후군(수근관 증후군: carpal tunnel sysdrome)): 반복적이고 지속적인 손목의 압박, 무리한 힘 등으로 인해 수근관 내부에 정중신경이 손상되어 발생한다. ✗
④ 내상과염(golfer elbow), 외상과염(tennis elbow): 과다한 손목 동작, 손가락 동작으로 점액낭에 염증이 생긴 질환으로 팔꿈치 관절 내·외부에서 통증이 발생한다.
⑤ 수완진동 증후군(hand-arm vibration syndrome : HAVS): 진동공구의 진동으로 인해 손가락 혈관이 수축되어 손가락이 하얗게 변하며 감각마비, 저린 증상 등을 일으킨다.

3. 영상표시단말기 작업으로 인한 관련 증상(VDT 증후군)

① 근골격계 증상
② 눈의 피로
③ 피부 증상
④ 정신적 스트레스
⑤ 전자파 장해

4. 컴퓨터 단말기 작업 시 적정 실내조도

① 바탕화면이 흰색계통일 경우 : 500~700Lux
② 바탕화면이 검은색계통일 경우 : 300~500Lux
③ 영상표시단말기(VDT) 화면과 주변과의 광도비 = 1 : 3

5. 근골격계 부담작업의 종류

① 하루에 4시간 이상 집중적으로 자료입력 등을 위해 키보드 또는 마우스를 조작하는 작업
② 하루에 총 2시간 이상 목, 어깨, 팔꿈치, 손목 또는 손을 사용하여 같은 동작을 반복하는 작업
③ 하루에 총 2시간 이상 머리 위에 손이 있거나, 팔꿈치가 어깨 위에 있거나, 팔꿈치를 몸통으로부터 들거나, 팔꿈치를 몸통 뒤쪽에 위치하도록 하는 상태에서 이루어지는 작업
④ 지지되지 않은 상태이거나 임의로 자세를 바꿀 수 없는 조건에서, 하루에 총 2시간 이상 목이나 허리를 구부리거나 비트는 상태에서 이루어지는 작업
⑤ 하루에 총 2시간 이상 쪼그리고 앉거나 무릎을 굽힌 자세에서 이루어지는 작업
⑥ 하루에 총 2시간 이상 지지되지 않은 상태에서 1kg 이상의 물건을 한손의 손가락으로 집어 옮기거나, 2kg 이상에 상응하는 힘을 가하여 한손의 손가락으로 물건을 쥐는 작업
⑦ 하루에 총 2시간 이상 지지되지 않은 상태에서 4.5kg 이상의 물건을 한손으로 들거나 동일한 힘으로 쥐는 작업
⑧ 하루에 10회 이상 25kg 이상의 물체를 드는 작업
⑨ 하루에 25회 이상 10kg 이상의 물체를 무릎 아래에서 들거나, 어깨 위에서 들거나, 팔을 뻗은 상태에서 드는 작업
⑩ 하루에 총 2시간 이상, 분당 2회 이상 4.5kg 이상의 물체를 드는 작업
⑪ 하루에 총 2시간 이상 시간당 10회 이상 손 또는 무릎을 사용하여 반복적으로 충격을 가하는 작업

- 키보드 입력 4시간, 나머지 2시간
- 2시간 4.5kg 한손 쥐기/ 2시간 1kg 손가락 집어 옮기기, 2kg 손가락 쥐기/10회 25kg, 25회 10kg 무릎 아래, 2시간 분당 2회 4.5kg 들기/ 2시간 시간당 10회 반복 충격

6. 근골격계 질환 유해요인 조사

상시근로자 1인 이상의 근로자를 사용하는 사업주는 근로자가 근골격계부담작업을 하는 경우에 3년마다 다음 각 호의 사항에 대한 유해요인조사를 하여야 한다. 다만, 신설되는 사업장의 경우에는 신설일로 부터 1년 이내에 최초의 유해요인조사를 하여야 한다.

① 설비 · 작업공정 · 작업량 · 작업속도 등 작업장 상황
② 작업시간 · 작업자세 · 작업방법 등 작업조건
③ 작업과 관련된 근골격계질환 징후와 증상 유무 등

7. 근골격계 질환 예방관리 프로그램을 수립 · 시행하여야 하는 경우

① 근골격계 질환으로 업무상 질병으로 인정받은 근로자가 연간 10명 이상 발생한 사업장 또는 5명 이상 발생한 사업장으로서 발생 비율이 그 사업장 근로자 수의 10퍼센트 이상인 경우
② 근골격계 질환 예방과 관련하여 노사 간 이견(異見)이 지속되는 사업장으로서 고용노동부장관이 필요하다고 인정하여 근골격계 질환 예방관리 프로그램을 수립하여 시행할 것을 명령한 경우

8. 근골격계 질환의 유해요인 평가기법

(1) OWAS(Ovako Working posture Analysis System)

1) OWAS 평가기법에서 고려되는 항목

① 상지(팔)
② 하지(다리)
③ 허리
④ 하중

2) OWAS의 장·단점

장점	단점
① 특별한 기구 없이 관찰에 의해서만 작업 자세를 평가할 수 있다. ② 전반적인 작업으로 인한 위해도를 쉽고 간단하게 조사할 수 있다. ③ 여러 작업 중에서 개선을 필요로 하는 작업을 우선적으로 선정할 수 있다. ④ 상지와 하지의 작업분석이 가능하며, 작업 대상물의 무게를 분석요인에 포함할 수 있다.	① 작업 자세 특성이 정적인 자세에 초점이 맞추어져 있다. ② 상지나 하지 등 몸의 일부의 움직임이 적으면서도 반복하여 사용하는 작업에서는 차이를 파악하기 어렵다. ③ 중량물 취급 작업 외에는 작업에 소요되는 힘과 반복성에 대한 위험성이 평가에 반영되지 않는다. ④ 지속 시간을 검토할 수 없으므로 보관유지자세의 평가는 어렵다.

(2) RULA(Rapid Upper Limb Assessment)
어깨, 팔목, 손목, 목 등 상지에 초점을 맞춘 작업자세로 인한 작업부하를 쉽고 빠르게 평가하기 위해 개발되었다.

(3) REBA(Rapid Entire Body Assessment)
① OWAS기법과 RULA기법의 문제점을 보완하여 가장 최근에 만들어졌지만 아직 그 타당성이 증명되지 않았다.
② 작업자의 움직임 단계를 관찰한 후 신체 부위를 분할하여 각 신체부위에 부위별 점수를 부여 한 후 점수 코드 체제를 이용하여 평가하는 분석 하는 방법이다.

(4) SI(Strain Index)
① 상지 질환에 대한 정량적 평가방법으로 인간공학적 작업 분석의 도구로서 생리학 및 인체역학(biomechanics)의 과학적 근거를 바탕으로 개발되었다.
② 손목의 특이적인 위험성만이 강조되었고, 진동에 대한 위험 요인이 배제되었으며, 신뢰도가 검증되지 않았다는 한계점이 있다.

제5장 유해요인 관리

1. 소음작업의 정의(산업안전보건법의 정의)

하루 8시간동안 85dB이상의 소음이 발생하는 작업을 말한다.

2. 강렬한 소음작업의 정의(종류) ✭✭

① 하루 8시간 동안 90dB이상의 소음이 발생하는 작업
② 하루 4시간 동안 95dB이상의 소음이 발생하는 작업
③ 하루 2시간 동안 100dB이상의 소음이 발생하는 작업
④ 하루 1시간 동안 105dB이상의 소음이 발생하는 작업
⑤ 하루 30분 동안 110dB이상의 소음이 발생하는 작업
⑥ 하루 15분 동안 115dB이상의 소음이 발생하는 작업

3. 충격소음의 정의

최대음압수준에 120dB(A) 이상인 소음이 1초 이상의 간격으로 발생하는 것을 말한다.

4. 소음의 노출기준(충격소음 제외) ✭✭

1일 노출시간(hr)	소음강도 dB(A)
8	90
4	95
2	100
1	105
1/2	110
1/4	115

주 : 115dB(A)를 초과하는 소음 수준에 노출되어서는 안 됨

5. 충격소음의 노출기준 ✭✭

1일 노출 회수	충격소음의 강도 dB(A)
100	140
1,000	130
10,000	120

주 : 1. 최대 음압수준이 140dB(A)를 초과하는 충격소음에 노출되어서는 안 됨
   2. 충격소음이라 함은 최대음압수준에 120dB(A) 이상인 소음이 1초 이상의 간격으로 발생하는 것을 말함

6. 소음의 노출정도 평가

1. 노출지수 $(EI) = \dfrac{C_1}{T_1} + \dfrac{C_2}{T_2} + ... + \dfrac{C_n}{T_n}$

여기서,
C : 소음의 실제 노출시간
T : 소음의 노출기준

2. 평가

$EI > 1$: 노출기준을 초과함
$EI < 1$: 노출기준을 초과하지 않음

제6장 작업환경관리

1. 인체계측방법

① 정적 인체계측(구조적 인체치수) : 정지상태에서의 신체를 계측하는 방법
② 동적 인체계측(기능적 인체치수) : 체위의 움직임에 따른 계측하는 방법

2. 인체계측자료의 응용 3원칙 ☆☆

① **최대치수와 최소치수 설계(극단치 설계)**
   최대치수 또는 최소치수를 기준으로 하여 설계한다.

최대치수 설계의 예	최소치수 설계의 예
• 위험구역의 울타리 높이 • 출입문의 높이 • 그네줄의 인장강도	• 물건을 올리는 선반의 높이 • 조정장치를 조정하는 힘 • 조정장치까지의 조정거리

② **조절범위(조정범위)** : 체격이 다른 여러 사람에 맞도록 설계한다.
   예 침대, 의자 높낮이 조절, 자동차의 운전석 위치조정
③ **평균치를 기준으로 한 설계** : 최대 치수나 최소 치수, 조절식으로 하기가 곤란할 때 평균치를 기준으로 하여 설계한다.
   예 은행의 창구 높이

3. 통제표시비(C / R비)

통제기기와 시각적 표시장치의 관계를 나타내며, 연속 조종장치에만 적용된다.

(1) 통제표시비의 계산

①
$$C/R비 = \frac{X}{Y}$$

여기서, X : 통제기기의 변위량(cm)   Y : 표시계기 지침의 변위량(cm)

②
$$C/R비 = \frac{\frac{a}{360} \times 2\pi L}{Y}$$

여기서, a : 조종장치의 움직인 각도 L : 조종장치의 반경

(2) 통제표시비 설계 시 고려사항
① 계기의 크기
② 목측거리(목시거리)
③ 조작시간
④ 방향성
④ 공차

(3) 최적 C/R비는 1.18 ~ 2.42 정도이다.

4. 에너지 대사율(RMR)

① 작업강도는 에너지 대사율로 나타낸다.

에너지 대사율(RMR)의 계산

$$RMR = \frac{노동대사량}{기초대사량} = \frac{작업\ 시의\ 소비\ energy - 안정\ 시\ 소비\ energy}{기초대사량}$$

② 작업시의 소비에너지는 작업 중에 소비한 산소의 소모량으로 측정한다.
③ 안정시의 소비에너지는 의자에 앉아서 호흡하는 동안에 소비한 산소의 소모량으로 측정한다.

5. 작업강도 구분에 따른 RMR

① 경작업(輕작업), 가벼운 작업 : 1~2
② 중작업(中작업), 보통 작업 : 2~4
③ 중작업(重작업), 힘든 작업 : 4~7
④ 초중작업(超重작업), 굉장히 힘든 작업 : 7 이상

6. 휴식시간의 계산

$$휴식시간(R) = \frac{60 \times (E-5)}{E - 1.5} [분]$$

- 1.5 : 휴식중의 에너지 소비량
- 5(kcal/분) : 기초대사를 포함한 보통작업에 대한 평균 에너지(기초대사를 제외한 경우 4kcal/분)
- 60(분) : 작업시간
- E(kcal/분) : 문제에서 주어진 작업을 수행하는데 필요한 에너지

7. 작업공간

① 포락면 : 한 장소에 앉아서 수행하는 작업에서 작업하는데 사용하는 공간
② 파악한계 : 앉은 작업자가 특정한 수작업 기능을 수행할 수 있는 공간의 외곽한계
③ 특수작업역 : 특정 공간에서 작업하는 구역

8. 수평 작업대

① 정상작업역 : 상완을 자연스럽게 늘어뜨린 채 전완만으로 뻗어 파악 할 수 있는 구역
② 최대작업역 : 전완과 상완을 곧게 펴서 파악할 수 있는 구역

(1) 작업대의 높이

① 석식 작업대 높이 : 작업대 높이는 의자 높이, 작업대 두께, 대퇴여유 등을 고려하여 설계하여야 한다.
② 입식 작업대 높이
  ㉠ 경(輕) 작업 시 작업대의 높이는 팔꿈치 높이보다 5~10cm정도 낮은 것이 적당하다.
  ㉡ 중(重) 작업 시 작업대의 높이는 팔꿈치 높이보다 10~20cm정도 낮은 것이 적당하다.
  ㉢ 정밀 작업 시 작업대의 높이는 팔꿈치 높이보다 5~10cm정도 높은 것이 적당하다.

(2) 신체의 기본동작 ✦

굴곡(flexion, 굽히기)	관절각이 감소하는 움직임
신전(extension, 펴기)	관절각이 증가하는 움직임
외전(abduction, 벌리기)	신체 중심선으로부터 밖으로 이동
내전(adduction, 모으기)	신체 중심선으로 이동
외선(external rotation)	신체 중심선으로부터 밖으로 회전
내선(internal rotation)	신체 중심선으로 회전

9. 부품배치의 원칙 ✦✦

① **중요성의 원칙** : 부품을 작동하는 성능이 체계의 목표 달성에 중요한 정도에 따라 우선순위를 결정한다.
② **사용빈도의 원칙** : 부품을 사용하는 빈도에 따라 우선순위를 결정한다.
③ **기능별 배치의 원칙** : 기능적으로 관련된 부품들(표시장치, 조정장치 등)을 모아서 배치한다.
④ **사용 순서의 원칙** : 사용 순서에 따라 장치들을 가까이에 배치한다.

10. 동작경제의 3원칙(바안즈 Barnes) ✦

(1) 인체 사용에 관한 원칙

① 두 손을 동시에 동작하기 시작하여 동시에 끝나도록 하여야 한다.
② 휴식 시간 중이 아니면 두 손을 동시에 쉬어서는 안 된다.
③ 두 팔의 동작들은 서로 반대 방향에서 대칭적으로 움직인다.
④ 손과 신체의 동작은 작업을 원만하게 수행할 수 있는 범위 내에서 가장 낮은 동작 등급을 사용한다. 인체의 사용 범위가 넓을수록 피로가 더하고 시간도 낭비된다.
⑤ 가능한 한 관성(Momentum)을 이용해야 하며 작업자가 관성을 억제해야 하는 경우 관성을 최소한도로 줄인다.
⑥ 손의 동작은 부드러운 연속동작으로 하고 급격한 방향 전환을 가지는 직선 동작은 피한다.

(2) 작업장의 배치에 관한 원칙

① 모든 공구 및 재료는 정위치에 배치해야 한다.
② 공구, 재료 및 조정기는 사용위치에 가까이 두어야 한다.
③ 가능하면 낙하식 운반법을 사용한다.
④ 재료와 공구들은 자기 위치에 있도록 한다.

(3) 공구 및 설비의 설계에 관한 원칙

① 치공구, 발로 조정하는 장치에 의해서 수행할 수 있는 작업에는 손의 부담을 덜어주어야 한다. (발로 수행할 수 있는 작업은 손을 사용하지 않음)
② 공구를 결합하여 사용한다.
③ 공구 및 재료는 가능한 한 작업자 앞에 둔다.

> **비교합시다!** 동작경제의 3원칙(길브레드 Gilbrett)
>
> **(1) 작업량 절약의 원칙**
>   ① 적게 운동한다.
>   ② 재료나 공구는 취급하는 부근에 정돈한다.
>   ③ 동작의 수를 줄인다.
>   ④ 동작의 양을 줄인다.
>
> **(2) 동작개선의 원칙**
>   ① 동작이 자동적으로 리드미컬한 순서로 한다.
>   ② 양손은 동시에 반대의 방향으로 좌우 대칭적으로 운동한다.
>   ③ 가급적 관성, 중력, 기계력 등을 이용한다.
>   ④ 작업점의 높이를 적당히 하고 피로를 줄인다.
>   ⑤ 물건을 장시간 취급할 때는 장구를 사용한다.
>
> **(3) 동작능 활용의 원칙**
>   ① 발 또는 왼손으로 할 수 있는 일은 오른손을 사용하지 않는다.
>   ② 양손으로 동시에 작업을 시작하고 동시에 끝낸다.

11. 의자 설계의 일반 원리

① 요추의 전만곡선을 유지할 것
② 디스크의 압력을 줄인다.
③ 등근육의 정적부하를 감소시킨다.
④ 자세고정을 줄인다.
⑤ 쉽게 조절할 수 있도록 설계할 것

12. 표시장치의 유형

① 정적 표시장치 : 시간에 따라 변화하지 않는 표시장치
  예 간판, 도표, 그래프 등
② 동적 표시장치 : 시간에 따라 변화하는 표시장치
  예 기압계, 고도계, 온도조절기 등

13. 시각적 표시장치의 종류

(1) 정량적 표시장치 ✄ : 계량값에 관한 정보를 제공하는데 사용된다.
① **정목동침형** : 눈금은 고정, 지침이 움직이는 형태
② **정침동목형** : 지침은 고정, 눈금이 움직이는 형태
③ **계수형** : 전력계, 택시요금 계기와 같이 숫자가 정확히 표시되는 형태

지침의 설계요령

① 선각이 20도 정도 되는 뾰족한 지침을 사용한다.
② 지침의 끝은 작은 눈금과 맞닿되, 겹쳐지지 않아야 한다.
③ 원형 눈금의 경우 지침의 색은 선단에서 눈금의 중심까지 칠한다.
④ 지침은 눈금과 밀착시킨다.

(2) 정성적 표시장치 : 온도, 압력, 속도와 같이 연속적으로 변하는 변수의 대략적인 값이나 변화 추세, 비율 등을 알고자 할 때 주로 사용한다.

(3) 상태 표시기(status indicator) : 체계의 상황이나 상태를 나타낸다.

(4) 신호, 경고등 : 비상 또는 위험상황, 물체의 존재 유무 등을 나타낸다.

신호 및 경보등의 빛의 검출성에 영향을 미치는 인자

① 광원의 크기 : 배경보다 2배 이상의 밝기를 가진다.
② 광속발산도 및 노출시간
③ 색광(검출 효과가 빠른 순서 : 적색-녹색-황색-백색)
④ 점멸속도 : 주의를 끌기 위해서는 초당 3~10회의 점멸속도와 지속시간은 0.05초 이상이 적당하다.
⑤ 배경광
⑥ 조작자의 정상시선 30도 내에 위치한다.
⑦ 경고등은 점멸하는 형태가 좋다.

(5) 묘사적 표시장치 : 사물 재현(TV화 항공 사진) 및 도해 및 상징 등이 예이다.

(6) 문자 – 숫자 표시 장치 : 문자, 숫자 및 관련된 여러 형태의 암호화 부호를 사용하는 장치

14. 부호의 3가지 유형 ✖

① **임의적 부호** : 부호가 이미 고안되어 있으므로 이를 배워야 하는 부호
　　　　　　　예 안전표지판의 원형-금지, 삼각형-경고표지 등
② **묘사적 부호** : 사물의 행동을 단순하고 정확하게 묘사한 부호
　　　　　　　예 위험표지판의 해골과 뼈, 보도 표지판의 걷는 사람
③ **추상적 부호** : 전언의 기본요소를 도식적으로 압축한 부호

15. 암호 체계의 일반적 사항 ✖

① **암호의 검출성** : 암호화한 자극은 검출이 가능할 것
② **암호의 변별성** : 다른 암호 표시와 구별될 수 있을 것
③ **부호의 양립성** : 자극 - 반응의 관계가 인간의 기대와 모순되지 않는 성질
④ **부호의 의미** : 암호를 사용할 때는 그 사용자가 그 뜻을 분명히 알 수 있어야 한다.
⑤ **암호의 표준화** : 암호를 표준화하여 다른 상황으로 변화하더라도 쉽게 이용할 수 있어야 한다.
⑥ **다차원 암호의 사용** : 2가지 이상의 암호를 조합해서 사용하면 정보 전달이 촉진된다.

16. 경계 및 경보신호 설계지침 ✖

① 귀는 중음역에 민감하므로 500~3000Hz의 진동수 사용
② 300m이상 장거리용 신호는 1000Hz 이하의 진동수 사용
③ 장애물 및 칸막이 통과 시는 500Hz 이하의 진동수 사용
④ 주의를 끌기 위해서는 변조된 신호 사용
⑤ 배경 소음의 진동수와 구별되는 신호 사용
⑥ 경보효과를 높이기 위해서 개시시간이 짧은 고감도 신호를 사용
⑦ 가능하면 확성기, 경적 등과 같은 별도의 통신계통을 사용

17. 청각적표시의 설계원리 ✖

① **양립성** : 긴급용 신호일 때는 높은 주파수를 사용한다.
② **근사성** : 복잡한 정보를 나타내고자 할 때는 다음과 같이 2단계 신호를 고려한다.
③ **분리성** : 두 가지 이상의 채널을 듣고 있다면 각 채널의 주파수가 분리되어야 한다.
④ **검약성** : 조작자에 대한 입력신호는 꼭 필요한 정보만을 제공한다.

⑤ 불변성 : 동일한 신호는 항상 동일한 정보를 지정하도록 한다.

18. 청각장치와 시각장치의 비교 ☆☆

청각장치	시각장치
① 전언이 짧고, 간단할 때	① 전언이 길고, 복잡할 때
② 재참조 되지 않음	② 재참조 된다.
③ 시간적인 사상을 다룬다.	③ 공간적인 위치 다룬다.
④ 즉각적인 행동을 요구할 때	④ 즉각적 행동을 요구하지 않을 때
⑤ 시각계통이 과부하일 때	⑤ 청각계통이 과부하일 때
⑥ 주위가 너무 밝거나 암조응일 때	⑥ 주위가 너무 시끄러울 때
⑦ 자주 움직이는 경우	⑦ 한곳에 머무르는 경우

19. 광원으로부터 직사휘광 처리법

① 광원의 휘도를 줄이고 광원 수를 늘인다.
② 광원을 시선에서 멀게한다.
③ 휘광원 주위를 밝게하여 광속 발산비(휘도)를 줄인다.
④ 가리개, 갓, 차양을 사용한다.

20. 반사율 : 반사광의 에너지와 입사광의 에너지의 비율을 말한다.

① 반사율(%) = $\dfrac{광속발산도(fL)}{조명(fc)} \times 100$ ☆

② 조명(fc) = $\dfrac{광속발산도(fL)}{반사율(\%)} \times 100$

③ 대비(%) = $\dfrac{배경반사율(Lb) - 표적물체반사율(Lt)}{배경반사율(Lb)} \times 100$ ☆

④ 옥내 최적 반사율(천장 : 바닥 반사율 비율 = 3 : 1 이상 유지)
 ㉠ 천장(80~91%) > 벽(40~60%) > 가구(25~45%) > 바닥(20~40%)
 ㉡ 옥내의 반사율은 천정으로 올라갈수록 높고 바닥으로 내려갈수록 낮아져야 한다. ☆

21. 조도와 광도

(1) 조도(Lux) = $\dfrac{광도}{(거리)^2}$ ☆

(2) 법적 조도 기준 ☆☆
 ① 초정밀 작업 : 750Lux 이상 ② 정밀 작업 : 300Lux 이상
 ③ 보통 작업 : 150Lux 이상 ④ 기타 작업 : 75Lux 이상

22. 소음과 청력손실

① 진동수가 높아짐에 따라 청력손실도 심해진다.
② 청력손실의 정도는 노출 소음 수준에 따라 증가한다.
③ 초기 청력손실은 4000Hz에서 가장 크게 나타난다. ✖
④ 강한 소음에 대해서는 노출기간에 따라 청력손실이 증가하지만 약한 소음과는 관계가 없다.

23. 소음을 내는 기계로부터 거리가 d₂만큼 떨어진 곳의 소음 계산 ✖

$$dB_2 = dB_1 - 20 \times \log\left(\frac{d_2}{d_1}\right)$$

• 소음기계로부터 d_1 떨어진 곳의 소음 : dB_1
• 소음기계로부터 d_2 떨어진 곳의 소음 : dB_2

24. 음량수준 측정 척도 ✖

① phone에 의한 음량수준
② sone에 의한 음량수준
③ 인식소음 수준

25. 소음기준 및 소음노출한계

(1) 소음작업 : 하루 8시간 동안 85dB 이상의 소음이 발생하는 작업 ✖✖

(2) 강렬한 소음작업 ✖

① 하루 8시간 동안 90dB 이상의 소음이 발생하는 작업
② 하루 4시간 동안 95dB 이상의 소음이 발생하는 작업
③ 하루 2시간 동안 100dB 이상의 소음이 발생하는 작업
④ 하루 1시간 동안 105dB 이상의 소음이 발생하는 작업
⑤ 하루 30분 동안 110dB 이상의 소음이 발생하는 작업
⑥ 하루 15분 동안 115dB 이상의 소음이 발생하는 작업

(3) 복합소음 ✖

① 두 소음 수준차가 10dB 이내일 때 : 복합소음 발생
② 같은 소음 수준의 기계 2대일 때 : 3dB 소음이 증가하는 현상을 말한다.

(4) 은폐현상(Masking 현상) ✖

① 두음의 차가 10dB 이상인 경우 발생한다.
② 높은 음이 낮은 음을 상쇄시켜 높은 음만 들리는 현상이다.

(5) 소음의 노출기준(충격소음제외) ✮✮

1일 노출시간(hr)	8	4	2	1	1/2	1/4
소음강도 dB(A)	90	95	100	105	110	115

주 : 115dB(A)를 초과하는 소음 수준에 노출되어서는 안 됨

26. 열평형 방정식(인체의 열교환 과정) ✮

$$S(열\ 축적) = M(대사\ 열) - E(증발) \pm R(복사) \pm C(대류) - W(한\ 일)$$

여기서, S는 열 이득 및 열 손실량이며, 열평형 상태에서는 0이다.

27. Oxford 지수 ✮ : 습건(WD) 지수라고도함

$$WD = 0.85W + 0.15d\ (℃)$$

여기서, W : 습구온도, d : 건구온도

28. 실효온도(감각온도, effective temperature)

① 실효온도는 온도, 습도 및 공기 유동이 인체에 미치는 열효과를 하나의 수치로 통합한 경험적 감각지수로 상대습도 100%일 때의 건구온도에서 느끼는 것과 동일한 온감(溫感)이다. ✮

② 실효온도의 결정요소 : 온도, 습도, 대류(공기 유동) ✮

29. 시각의 계산 ✮

$$시각(분) = \frac{57.3 \times 60 \times L}{D}$$

여기서 D : 물체와 눈 사이의 거리, L : 시선과 직각으로 측정한 물체의 크기

PART 03 건설재료

제1장 목재

1. 재료의 분류

(1) 목재의 조직

1) 변재(sap wood)★

① 변재는 심재 외측과 수피 내측 사이(표피 가까이 위치)에 있는 생활세포의 집합(세포가 아직 살아 있는 부분)이다.
② 변재보다 연한 색을 띤다.
③ 변재는 심재부보다 흡수성이 크고 신축 변형량이 크다.

2) 심재(heart wood)★

① 목재 중심 부분의 짙은 색(수심 가까이에 위치) 부분을 말한다.
② 심재는 모든 세포가 죽어 있으므로 생리적 기능을 하지 않는다.(나무를 물리적으로 지탱해 주는 역할을 한다.)
③ 심재는 변재보다 색이 짙다.
④ 심재는 수분이 적게 포함되어 있어 목재가 건조되어도 신축 등 변형이 적다.
⑤ 심재는 변재보다 비중, 내구성, 내후성 및 강도가 크다.

3) 수심★

① 목재의 중심에 위치한 코르크 성분의 물질이다.
② 수분과 영양분의 전달 통로 역할을 한다.

4) 목재의 결점★

① 수지낭 : 인접한 두 연륜의 경계층 또는 연륜 내에 형성된 렌즈 모양의 공극(고체상이나 액체상의 송진을 지니는 것으로써 연륜을 따라 길게 뻗어 있는 목재 내부의 개구부)

② 미숙재 : 수목의 일생 동안 수간의 중심부 세포 길이가 안정돼 있지 못하고 매년 1% 이상의 신장률을 나타내는 목재를 말한다.
③ 컴프레션페일러 : 벌채 시의 충격이나 그 밖의 생리적 원인으로 인하여 세로축에 직각으로 섬유가 절단된 형태를 말한다.
④ 옹이 : 나무가 자라는 동안 자연의 영향이나 생물의 피해를 받아 생기는 결함으로 무늬의 둥글고 진한 부분을 말한다.

(2) 목재의 성질

1) 목재의 일반적 성질 ✿

① 함수율 변화에 따른 신축변형이 크다.
② 활엽수가 침엽수보다 재질이 강하다.
③ 구조용 재료로 침엽수가 주로 쓰인다.
④ 화재나 충해에 취약하다.
⑤ 섬유방향에 따라서 전기전도율은 다르다.

2) 목재의 역학적 성질 ✿

① 섬유포화점 이상에서는 함수율이 증가하더라도 강도는 일정하다.
② 섬유포화점 이상에서는 함수율 증감에도 신축을 일으키지 않는다.
③ 섬유포화점 이하에서는 함수율의 감소에 따라 강도가 증가하고 인성이 감소한다. (전건상태에서의 강도는 섬유포화점 상태에 비해 3배로 증가)
④ 목재의 비중과 강도는 대체로 비례한다.
⑤ 목재의 강도는 섬유방향의 인장강도가 가장 크고, 섬유 직각방향의 인장강도가 가장 작다. (목재 섬유 평행방향에 대한 인장강도가 다른 여러 강도 중 가장 크다.)
⑥ 목재 섬유방향의 강도는 인장강도의 크기가 전단강도 등 다른 강도에 비하여 크다. (인장강도 > 휨강도 > 압축강도 > 전단강도)
⑦ 목재를 휨 부재로 사용하여 외력에 저항할 때는 압축, 인장, 전단력이 동시에 일어난다.
⑧ 목재의 전단강도는 섬유간의 부착력, 섬유의 곧음, 수선의 유무 등에 의해 결정된다.

3) 목재의 압축강도 ✿

① 가력방향이 섬유방향과 평행일 때의 압축강도가 직각일 때의 압축강도보다 크다. (인장 및 압축강도는 섬유방향이 크고, 섬유직각 방향이 작다.)

② 섬유포화점 이상에서 압축강도는 일정하며, 섬유포화점 이하에서는 함수율이 감소할수록 압축강도는 증가한다. (함수율이 커질수록 압축강도는 낮아진다.)
③ 옹이가 있으면 압축강도는 저하하고 옹이 지름이 클수록 더욱 감소한다.
④ 기건 비중이 클수록 압축강도는 증가한다.
⑤ 압축강도 : 참나무 > 낙엽송 > 단풍나무

4) 목재의 신축(팽창수축)

① 동일 나뭇결에서 변재는 심재보다 신축이 크다. (용적변화가 크다.)
② 비중이 큰 목재일수록 신축(팽창수축)이 크다.
③ 섬유포화점 이상일 때는 함수율의 증감에 따른 신축이 거의 없다. 섬유포화점 이하로 내려가면 목재는 신축(수축) 변동이 커진다.
④ 일반적으로 곧은결 (연륜에 직각 방향)보다 널결(연륜에 접선 방향)이 신축의 정도가 크다. (곧은결 쪽은 널결(무늬결) 쪽보다 50% 정도 신축된다.)
⑤ 수종에 따라 수축률 및 팽창률에 상당한 차이가 있다. (활엽수가 침엽수보다 신축이 크다.)
⑥ 급속하게 건조된 목재는 완만히 건조된 목재보다 수축이 크다.
⑦ 수축이 과도하거나 고르지 못하면 할렬, 비틀림 등이 생긴다.

5) 목재의 흡수율, 함수율 및 공극률

① 기건 상태에서의 목재의 함수율 : 약 15%
② 목재 섬유포화점에서의 함수율은 약 30%

---

1. 목재의 함수율(%) = $\dfrac{\text{건조전 중량} - \text{전건중량}}{\text{전건중량}} \times 100$

   * 전건중량 : 목재 자체의 중량

2. 목재의 흡수율(%) = $\dfrac{\text{표면건조중량} - \text{절대건조중량}}{\text{절대건조중량}} \times 100$

3. 표면수율(%) = $\dfrac{\text{습윤상태 질량} - \text{표건질량}}{\text{표건질량}} \times 100$

특급 암기법 함건전 전건전건, 흡표건 절건절건, 표면습윤 표건표건

4. 공극률(%) = $\dfrac{1.54 - \text{절건비중}}{1.54} \times 100$

(3) 목재의 건조

1) 목재의 건조 목적
   ① 균류에 의한 부식 방지
   ② 목재수축에 의한 손상 방지
   ③ 목재강도 및 내구성의 증가
   ④ 방부제 주입이 용이

2) 목재의 건조특성
   ① 온도가 높을수록 건조속도는 **빠르다**.
   ② 풍속이 **빠를**수록 건조속도는 **빠르다**.
   ③ 목재의 비중이 클수록 건조속도는 느리다.
   ④ 목재의 두께가 두꺼울수록 건조시간이 길어진다.

(4) 목재의 방부(목재의 부패를 막는 것)법

1) 목재의 방부처리법 ✗
   ① **주입법** : **방부액을 상압주입** 하거나 가압하여 **나무깊이 주입**하는 방법
      • 가압주입법: 압력용기 속에 목재를 넣어 처리하는 방법으로 가장 신속하고 효과적인 방법
      • 상압주입법: 방부약액을 가열하여 주입하는 방법
      • 생리적 주입법: 목재의 뿌리에 방부약액을 주입하는 방법
   ② **침지법** : **방부제 용액 중에 목재를 담그어 공기(산소)를 차단**하여 방부 처리하는 방법
   ③ **도포법** : 목재를 충분히 건조시킨 후 솔 등으로 약제를 도포하여 방부 처리하는 방법 (가장 간단한 방법)
   ④ **표면탄화법** : 목재표면 3~4mm 정도를 태워 수분을 제거하는 방법

2) 목재의 방부제
   ① 펜타클로로페놀(PCP): **방부력이 매우 우수**하나, 자극적인 냄새가 난다.
   ② 크레오소트유: 방부성은 우수하나, 악취가 나고 외관이 좋지 않다.
   ③ 아스팔트 : 목재를 흑색으로 변색시켜 미관이 좋지 못하며 도포 후 페인트칠이 불가능하다.
   ④ 유성페인트 : 방부, 방습효과가 있고, 착색이 자유롭다.
   ⑤ 콜타르 : 목재를 흑갈색으로 변색시키고 도포 후 페인트 칠이 불가능하다.

3) 목재에 사용되는 크레오소트 오일 ✭
   ① 방부력이 우수하고 강도 저하가 적지만 악취가 난다.
   ② 가격이 저렴하다.
   ③ 독성이 적다.
   ④ 침투성이 좋아 목재에 깊게 주입된다.
   ⑤ 흑갈색으로 외관이 불미하여 눈에 보이지 않는 토대, 기둥, 도리 등에 이용한다.

(6) 목재 제품 및 목재 가공제품

1) 합판 ✭
   ① 합판은 3매 이상의 얇은 판을 1매마다 접착제로 섬유방향에 직교하도록 붙여서 만든 판을 말한다.
   ② 함수율 변화에 따라 팽창·수축의 변형이 없다.
   ③ 뒤틀림이나 변형이 적은 비교적 큰 면적의 평면 재료를 얻을 수 있다.
   ④ 곡면가공을 하여도 균열이 생기지 않는다.
   ⑤ 균일한 강도의 재료를 얻을 수 있다.(방향에 따른 강도차가 작다.)
   ⑥ 여러 가지 아름다운 무늬를 얻을 수 있다.

2) 집성목재 ✭
   ① 두께 1.5~3cm의 널(제재판재 또는 소각재 등의 부재)을 접착제로 섬유평행방향으로 겹쳐 붙여서 만든 제품을 말한다.
   ② 임의의 단면 형상을 갖도록 제작(필요한 단면을 만들 수 있다.)할 수 있다.
   ③ 목재의 강도를 인공적으로 자유롭게 조절할 수 있다.
   ④ 충분히 건조된 건조재를 사용하므로 비틀림 변형 등이 생기지 않는다.
   ⑤ 보, 기둥 등의 구조재료로 사용할 수 있다.
   ⑥ 옹이, 균열 등의 결점을 제거하거나 분산시켜 균질의 인공목재로 사용할 수 있다.
   ⑦ 판재와 각재를 접착재로 결합시켜 대재(大材)를 얻을 수 있다.

3) 파아티클 보드 ✭
   ① 목재를 작은 조각으로 하여 충분히 건조시킨 후 합성수지와 같은 유기질의 접착제를 첨가하여 열압 제판한 목재 가공품
   ② 상판, 칸막이벽, 가구 등에 사용된다.
   ③ O.S.B(Oriented Strand Board): 직사각형으로 자른 얇은 나뭇조각을 서로 직각으로 겹쳐지게 배열하고 방수성 수지로 강하게 압축 가공한 보드

4) 코펜하겐 리브판

강당, 집회장 등의 천정 또는 내벽에 붙여 음향 조절용으로 사용된다. (바닥재는 적합하지 않음)

5) 섬유판(Fiberboard) ★

목재를 섬유(펄프)화 한 다음 펄프를 접착제로 제판하여 양면을 열압 건조시킨 판상제품을 말한다.
① 연질섬유판(LDF) : 비중이 0.40 이하인 섬유판
② 중질섬유판(MDF) : 비중이 0.40~0.80인 섬유판
③ 경질섬유판(HDF) : 비중이 0.80~1.20인 섬유판

6) 플로어링 블록(flooring block) ★

플로어링 판의 길이를 너비의 정수 배로 하여 3장 또는 5장씩 붙여서 길이와 너비가 같게 만든 정사각형의 블록으로 바닥재로 사용된다.

7) 파키트리 블록

파키트리 보드를 3~5장씩 상호 접합하여 각판으로 만들어 방습처리 한 것으로 모르타르나 철물을 사용하여 콘크리트 마루 바닥용으로 사용된다.

8) 리놀륨 ★

리녹신에 수지, 고무물질, 코르크분말 등을 섞어 삼베 등의 마포에 발라 두꺼운 종이모양으로 눌러 편(압면 · 성형) 얇은 판을 말한다.

제2장. 시멘트 및 콘크리트

(1) 시멘트의 분말도 : 시멘트 입자의 가는 정도를 말한다.

분말도가 큰 시멘트의 특징 ★

① 워커빌리티가 좋고 블리딩이 적다.
② 수화반응이 빠르고 초기강도가 크다. (수화열이 높다.)
③ 시멘트량이 절약되고 내구성이 작아진다.
④ 분말도가 너무 크면 풍화되기 쉽다.
⑤ 분말도가 클수록 시멘트 분말이 미세하다.

(2) 포틀랜드 시멘트

포틀랜드 시멘트의 종류	특성	용도
보통 포틀랜드 시멘트	일반 시멘트	일반 콘크리트 공사에 사용
조강 포틀랜드 시멘트	조기강도를 증진시킴	한중 콘크리트나 긴급 공사용 콘크리트에 사용
중용열 포틀랜드 시멘트	수화열을 저감시킴	댐 공사, 매스콘크리트, 방사능 차폐용으로 사용
저열 포틀랜드 시멘트	수화열을 최소화함	대규모 지하구조물, 댐, 매스콘크리트 등에 사용
내황산염 포틀랜드 시멘트	내화학성, 내구성을 향상시킴	하수시설, 배수시설, 해양구조물 등

1) 보통 포틀랜드 시멘트

① 실리카(SiO_2), 알루미나(Al_2O_3), 산화철(Fe_2O_3), 석회(CaO) 등이 포함된 원료를 혼합하여 용융 소성한 클링커에 소량의 석고(3%)를 가압하여 미분쇄한 것이다. (산화철(Fe_2O_3)의 함유량이 가장 적다.)
② 시멘트의 응결시간은 분말도가 높을수록, 물-시멘트비가 적을수록, 온도가 높을수록 빠르며 풍화된 시멘트일수록 느리다.
③ 시멘트의 안정성 측정법으로 오토클레이브 팽창도 시험방법이 있다.

2) 조강 포틀랜드 시멘트 : 조기에 고강도를 낼 수 있도록 한 시멘트

① 조기 강도가 높고 수화 발열량이 많으므로 한중 콘크리트나 긴급 공사용 콘크리트로 이용된다.
② 건조 수축이 커서 균열이 발생하기 쉽다.
③ 콘크리트의 수밀성과 구조물의 내구성이 우수하다.

3) 중용열 포틀랜드 시멘트

시멘트의 발열량(수화열)을 저감시킬 목적으로 사용

① 시멘트의 성분 중에 C_3S(규산삼석회)나 C_3A(알루미네이트, 알루민산삼석회)가 적고, 장기강도를 지배하는 C_2S(벨라이트, 규산이석회)를 많이 함유한 시멘트이다.
② 수화속도를 지연시켜 수화열을 작게 한 시멘트이다. (수화열을 낮게 하여 단기보다 장기강도를 증진시킨 시멘트)

③ 건조수축이 작고 건축용 매스콘크리트에 사용된다.
④ 내식성이 있고 안정도가 높으며 내구성이 크고 화학저항성이 크다.
⑤ 댐 공사, 터널, 거대구조물의 기초공사(매스콘크리트), 콘크리트 도로포장, 방사능 차폐용으로 사용된다.

4) 저열 포틀랜드 시멘트

① 시멘트의 발열량(수화열)을 최소화 한 시멘트
② 대규모 지하구조물, 댐 등 매스콘크리트의 수화열에 의한 균열발생을 억제하기 위해 벨라이트의 비율을 중용열 포틀랜드시멘트 이상으로 높인 시멘트를 말한다.

5) 내 황산염 포틀랜드 시멘트

① 황산염에 대한 저항성을 강화한 시멘트를 말한다.
② 하수시설, 배수시설, 해양구조물, 황산염을 많이 함유한 토양, 지하수에 닿는 곳의 콘크리트 공사용으로 사용된다.

(3) 혼합시멘트

시멘트에 혼화제를 섞어서 만든 시멘트를 말한다.

혼합시멘트의 종류	혼합시멘트의 구성
고로시멘트	시멘트 + 고로슬래그 미분말
실리카시멘트	시멘트 + 규산질물(silica)
플라이애시시멘트	시멘트 + 플라이애쉬

1) 고로 시멘트 ✪

① 용광로의 선철제작 부산물을 급랭시키고 파쇄하여(고로슬래그 미분말) 시멘트와 혼합한 것을 고로시멘트라 한다.
② 초기 강도는 낮으나 장기강도는 높다.
③ 수화열이 적고 수축률이 적어 매스콘크리트용으로 적합하다.
④ 염분에 대한 저항(내해수성)이 크고 화학 저항성이 크며 방수성이 뛰어나 댐이나 항만공사, 공장폐수공사 등에 사용된다.
⑤ 수화열이 적어 응결시간이 느리기 때문에 특히 겨울철 공사에 주의를 요한다. (동해를 받기 쉽다.)

⑥ 보통 포틀랜드시멘트에 비하여 비중이 작고 중성화가 빨라서 풍화되기 쉽다.
⑦ 알카리 골재반응이 일어나지 않는다.

2) 실리카 시멘트✨

① 시멘트의 클링커와 규산질물(silica)을 혼합한 것으로 단기 강도가 적으나 장기 강도는 포틀랜드 시멘트와 유사하게 높다.
② 수화열이 적고 수밀성이 크고 해수에 대한 저항도 크다.
③ 저온에서는 응결이 느려진다.
④ 콘크리트의 워커빌리티를 좋게 하고 블리딩을 감소시킨다.
⑤ 화학적 저항성이 크므로 주로 단면이 큰 구조물, 해안공사 등에 사용된다.

3) 플라이애시시멘트✨

① 화력발전소에서 완전 연소한 미분탄의 회분을 포집한 것을 플라이애시라 하며, 플라이애시를 포틀랜드시멘트에 혼합한 것을 플라이애시시멘트라 한다.
② 콘크리트의 워커빌리티를 증대시키며 사용수량을 감소시킬 수 있다.
③ 수밀성이 좋으므로 수리구조물(물을 저수하거나 물을 이용하기 위하여 만들어진 구조물)에 적합하다.
④ 수화열이 적고 건조수축도 적다.
⑤ 해수에 대한 내화학성이 크다.
⑥ 댐 공사를 위시하여 일반 토목 건축공사에 널리 사용된다.

(4) 특수시멘트

1) 알루미나 시멘트✨

① 보크사이트와 석회석을 원료로 한다.
② 성분 중에는 산화알루미늄(Al_2O_3)이 많으므로 초기 강도가 높고 염분이나 화학적 저항이 크다.
③ 초기 수화발열이 커서 대형 단면 부재에는 부적당하나 긴급 공사나 동절기 공사에 적합하다.

2) 폴리머시멘트

콘크리트의 방수성, 내약품성, 변형성능의 향상을 목적으로 다량의 고분자 재료를 혼합시킨 시멘트를 말한다.

3) 마그네시아 시멘트

① 산화마그네슘의 분말에 염화마그네슘을 혼합한 시멘트를 말한다.
② 흡습성이 크고, 수축성이 크다.
③ 경화가 빠르고 경화 후 견고하다.(강도가 크다.)
④ 간수($MgCl_2$)를 사용하여 백화현상이 잘 생긴다.
⑤ 반투명의 광택을 지니며 착색이 용이하여 치장용으로 사용된다.

4) 킨즈시멘트(경석고플라스터)

① 무수석고에 경화촉진제로 백반을 넣어 만든 시멘트
② 백반은 산성이므로 금속을 녹슬게 하는 결점이 있다.
③ 소석고보다 응결속도가 느리다.
④ 표면 강도가 크고 광택이 있다.
⑤ 습윤 시 팽창이 크다.
⑥ 다른 석고계의 플라스터와 혼합을 피해야 한다.

(5) 콘크리트용 골재

1) 콘크리트용 골재의 요구 성능

① 골재의 강도는 경화한 시멘트페이스트 강도보다 클 것
② 형태는 거칠고 구형에 가까운 것이 가장 좋으며, 편평하거나 세장한 것은 좋지 않다.
③ 먼지 또는 유기불순물을 포함하지 않을 것
④ 골재의 입형이 둥글고 입도가 고를 것(잔 것과 굵은 것이 적당히 혼합된 것이 좋다.)
⑤ 운모가 다량으로 포함된 골재는 콘크리트의 강도를 저하시키고 풍화되기 쉽다.
⑥ 골재의 입도는 표준 망체를 사용한 체가름 시험으로 확인할 수 있다.

2) 골재의 함수상태

① 유효흡수량 : 표면건조 내부포화상태(표건상태)와 기건상태의 수량의 차이를 말한다.
② 함수량 : 습윤상태의 골재의 내외에 함유하는 전체수량을 말한다.
③ 흡수량 : 표면건조 내부포화상태(표건상태)의 골재 중에 포함하는 수량을 말한다.(절대건조상태에서 표면건조포화상태가 될 때까지 흡수하는 수량)
④ 표면수량 : 함수량과 흡수량의 차를 말한다.

1. 표면수율(%) = $\dfrac{\text{습윤상태질량} - \text{표건질량}}{\text{표건질량}} \times 100$

2. 흡수율(%) = $\dfrac{\text{표건질량} - \text{절건질량}}{\text{절건질량}} \times 100$

3. 표면건조포화상태 비중 = $\dfrac{\text{공시체의 건조 질량}}{\text{표면건조포화상태 질량} - \text{공시체의 물 속 질량}}$

(6) 공극률과 실적률★

1) 실적률이란 골재의 단위 용적(m3) 중의 실적 용적을 백분율(%)로 나타낸 값을 말한다.
2) 공극률이란 골재의 단위 용적(m3) 중의 공극을 백분율(%)로 나타낸 값(전체 부피에 대한 공극 부피의 비)을 말한다.

1. 실적률(%) = $\dfrac{\text{단위용적중량}}{\text{절건비중(밀도)}} \times 100$

2. 공극률(%) = $\left(1 - \dfrac{\text{단위용적중량}}{\text{절건비중(밀도)}}\right) \times 100$

3. 공극률(%) = 100 - 실적률

3) 골재의 실적률

① 실적률은 골재 입형의 양부를 평가하는 지표이다.
② 부순 자갈의 실적률은 그 입형 때문에 강자갈의 실적률보다 적다.
③ 실적률 산정 시 골재의 밀도는 절대건조 상태의 밀도를 말한다.
④ 골재의 단위용적질량이 동일하면 골재의 비중이 클수록 실적률은 낮다.
⑤ 골재의 단위용적질량을 계산할 때 골재는 절대건조 상태를 기준으로 한다.

4) 실적률이 클 경우(공극률이 작을 경우) Con'c에 주는 영향★

① Cement Paste량이 감소한다.
② 단위 수량을 감소시킨다.
③ 수화 발열량을 감소시킨다.
④ 건조 수축이 감소시킨다.
⑤ 콘크리트 내구성 및 강도가 증가된다.

⑥ 콘크리트의 수밀성이 커진다.
⑦ 콘크리트의 마모 저항이 커진다.
⑧ 콘크리트의 투수성 및 흡수성이 작아진다.
⑨ 콘크리트 제조 시 경제적으로 유리하다.

(7) 혼화재와 혼화제

1) 콘크리트용 혼화제

콘크리트에 특정한 성능을 부여하는 데 쓰이는 첨가제로서 시멘트 중량의 5% 이하로만 사용 되는 것을 말한다.

① AE제
- AE 공기를 콘크리트 중에 발생시켜 워커빌리티(시공연도)를 좋게 하고 블리딩을 작게 한다.
- 단위수량이 감소한다.
- 동결·융해작용에 대한 저항성이 크고 수밀성, 내구성이 좋다.
- 철근과 부착강도가 감소한다.

② AE 감수제
- 시멘트 입자의 유동성을 증대시켜 단위수량을 감소시킨다.
- 강도, 내구성, 수밀성, 워커빌리티(시공연도)를 증대시킨다.

③ 유동화제 : 콘크리트의 유동성 증대
④ 방청제 : 염화물에 의한 강재의 부식억제
⑤ 증점제 : 점성, 응집작용 등을 향상시켜 재료분리를 억제

2) 콘크리트용 혼화재

콘크리트의 성질 개량을 위해 쓰이는 혼화 재료로 시멘트 중량의 5% 이상 사용되는 것을 말한다.

① 플라이 애시 : 워커빌리티, 펌퍼빌리티 개선
② 고로슬래그 미분말 : 수화열 억제, 알칼리골재반응 어제
③ 실리카 흄 : 화학적 저항성 증대, 블리딩 저감
④ 가용성 규산 미분말 : 콘크리트 팽창제

(8) 굳지 않은 콘크리트의 성질

① 워커빌리티(시공성 : Workability) : 재료 분리를 일으키지 않고 작업이 용이하게 될 수 있는 정도(반죽질기에 따른 작업의 난이성과 재료의 분리 정도)

② 펌퍼빌리티(펌프 압송성 : Pumpability) : 펌프에 의한 운반을 실시하는 경우 펌프로 콘크리트가 압송되기 쉬운 정도
③ 플라스티시티(성형성 : Plasticity) : 거푸집에 쉽게 다져넣을 수 있고 거푸집을 제거하면 허물어지거나 재료분리가 되지 않는 정도
④ 피니셔빌리티(마감성 : Finishability) : 굵은 골재의 최대치수, 잔골재율, 잔골재입도, 반죽 질기 등에 의한 마무리하기 쉬운 정도를 나타내는 성질

(9) 콘크리트에 영향을 미치는 요인

1) 워커빌리티(workability)에 영향을 주는 요인✿✿

① 시멘트의 분말도가 크면 워커빌리티는 증대된다.
② 시멘트량이 많으면 점성이 커지므로 워커빌리티는 증대된다.
③ 시멘트가 풍화되면 워커빌리티는 감소한다.
④ 단위수량이 너무 많거나 적으면 워커빌리티는 감소한다.(단위수량을 너무 증가시키면 재료분리가 생기기 쉽기 때문에 워커빌리티가 좋아진다고 볼 수 없다.)
⑤ 온도가 높으면 워커빌리티는 감소한다.
⑥ 비빔을 충분히 하면 워커빌리티는 증대된다.(과도하게 비빔시간이 길면 시멘트의 수화를 촉진하여 워커빌리티가 나빠진다.)
⑦ 둥근 강자갈의 경우는 워커빌리티가 가장 좋고, 편평하고 세장한 입형의 골재는 분리하기 쉽고, 모진 것이나 굴곡이 큰 골재는 워커빌리티가 나빠진다. (깬 자갈이나 깬 모래를 사용하면 워커빌리티가 나빠지므로 잔골재율을 크게 하고, 단위수량을 크게 하면 워커빌리티가 증대된다.)
⑧ AE제를 혼입하면 워커빌리티가 좋아진다.

2) 블리딩(bleeding)✿

① 콘크리트 타설 후 시멘트, 골재 입자 등이 침하에 따라 물이 분리 상승되어 콘크리트 표면에 떠오르는 현상을 말한다.
② 블리딩 현상이 심한 경우 철근과 콘크리트의 부착력 저하, 수밀성 저하로 콘크리트의 강도 및 내구성이 감소되고 탄산화가 촉진된다.

콘크리트의 블리딩 현상에 의한 성능 저하 ✩
① 골재와 시멘트 페이스트의 부착력 저하 ② 철근과 시멘트 페이스트의 부착력 저하 ③ 콘크리트의 수밀성 저하 ④ 콘크리트의 강도 및 내구성 저하

3) 레이턴스(laitance)

블리딩에 의하여 콘크리트 표면에 떠올라 침전한 미세한 물질을 말한다.

4) 콘크리트 재료분리(콘크리트를 구성하는 성분의 균질성이 없어지는 현상)의 원인 ✩

① 콘크리트의 플라스티시티(성형성)가 작은 경우
② 진동기를 과다하게 사용한 경우
③ 단위수량이 지나치게 큰 경우(물의 양이 많고 시멘트가 적은 경우 점성이 적어 재료분리 발생)
④ 굵은 골재의 최대치수가 지나치게 큰 경우(철근 배근 시 철근에 걸려 분리)
⑤ 골재의 비중 차이가 큰 경우(비중이 큰 골재는 침하하고 비중이 작은 골재는 부상)

5) 콘크리트 공기량 ✩

① AE제의 사용량의 증가에 따라 공기량은 거의 직선적으로 증가한다.
  (AE 콘크리트의 공기량은 보통 3~6%를 표준으로 한다.)
② 콘크리트를 진동시키면 공기량이 감소한다.
③ 콘크리트의 온도가 높으면 공기량이 감소한다.(온도 10℃ 증감에 반비례하여 공기량은 20~30% 감증 한다.)
④ 지나치게 긴 비빔시간은 공기량을 감소시킨다.(콘크리트를 비빌 경우 3~5분 만에 최고가 되며, 그보다 길거나 짧아도 공기량은 적어진다.)

6) 반죽질기

수량의 다소에 따른 반죽의 질고 된 정도를 말하며 슬럼프 값으로 표시한다.
① 콘크리트의 온도가 높을수록 반죽질기는 저하한다.
② 단위수량이 많을수록 반죽질기는 증가한다.
③ 공기량이 많을수록 반죽질기는 증가한다.
④ 잔골재가 많을수록 반죽질기는 저하한다.

7) 물·시멘트비

① 부어넣기 직후의 모르타르 또는 콘크리트에 포함된 시멘트 풀 속의 시멘트에 대한 물의 중량 백분율을 말한다. (물시멘트 비가 높을수록 물이 많고 시멘트 양이 적은 것을 의미)

$$\text{물시멘트비}(\%) = \frac{\text{물의 중량} \times \text{물의 부피}}{\text{시멘트 중량} \times \text{시멘트 부피}} \times 100$$

② 물·시멘트비는 콘크리트의 강도 및 내구성 증가에 가장 큰 영향을 준다.

8) 콘크리트의 건조수축 ✦

① 시멘트의 제조성분에 따라 수축량이 다르다.
② 골재의 실적률이 클수록 건조수축은 작아진다.
③ 물 – 시멘트비가 낮을수록 건조수축은 작아진다.
④ 된비빔일수록 건조수축은 작아진다. (된비빔일수록 단위수량이 적으므로 건조 시 수분 증발에 따른 건조수축도 작다.)
⑤ 골재의 탄성계수가 크고 경질인 경우 건조수축은 작아진다.

(11) 콘크리트의 탄산화(중성화) ✦

1) 약알칼리성인 콘크리트 중의 수산화석회(수산화칼슘)가 공기 중의 이산화탄소의 유입으로 중성화되면서 콘크리트가 알칼리성을 상실하고 철근이 부식되는 현상을 말한다.

$$Ca(OH)_2 + CO_2 \rightarrow CaCO_3 + H_2O \uparrow$$

2) 콘크리트 중성화의 원인 ✦

① 물 – 시멘트비가 클수록 중성화의 진행속도는 빠르다.
② 탄산가스의 농도, 온도, 습도 등 외부환경 조건도 탄산화 속도에 영향을 준다. (온도가 높을수록, 습도가 낮을수록 중성화가 빠르다.)
③ 경량골재 콘크리트가 보통 콘크리트가 보다 탄산화 속도가 빠르다.
④ 탄산화 된 부분은 페놀프탈레인액을 분무해도 착색되지 않는다.
⑤ 중성화되면 콘크리트 내 철근은 녹이 슬기 쉽다.

3) 콘크리트 중성화의 저감 대책★

① 물-시멘트비(W/C)를 낮춘다.(단위 시멘트량을 증대시킨다.)
② 혼합시멘트 및 경량골재는 사용을 금지한다.
③ AE 감수제나 고성능 감수제를 사용한다.

(12) 크리프(Creep)

일정한 하중을 받고 있던 콘크리트가 하중의 증가 없이 시간이 경과함에 따라 콘크리트의 변형이 증가하는 현상을 말한다.

콘크리트에서 크리프(Creep)의 증가 원인 ★

① 시멘트 페이스트가 묽을수록 크리프는 크다.
② 작용응력이 클수록 크리프는 크다.
③ 재하시기(하중을 가하는 시기)가 빠를수록 크리프는 크다.
④ 재령(콘크리트를 타설한 뒤로부터의 경과 일수)이 짧을수록 크리프는 크다.
⑤ 물-시멘트비가 클수록 크리프는 크다.

(13) 콘크리트의 비파괴 시험법

① 음파법 : 콘크리트 공시체에 진동을 주어 공명, 진동으로 측정하는 방법
② 초음파법 : 초음파 펄스를 콘크리트의 내부에 발사 후 초음파 속도를 측정하는 방법
③ 레이더법 : 레이더를 콘크리트에 침투시켜 탐사하는 방법
④ 방사선법 : 콘크리트에 X선, 감마선을 투과하고 투과광선을 필름에 촬영하여 결함을 발견하는 방법
⑤ 표면경도법(반발경도법) : 해머로 콘크리트 표면을 타격하여 반발력으로 콘크리트의 압축강도를 측정하는 방법

> 참고
> #### 콘크리트 구조물의 비파괴시험(검사) 방법
> ① 슈미트해머법 ② 초음파법
> ③ 방사선법 ④ 인발법

(14) 콘크리트의 종류 및 특징

1) AE콘크리트

AE제를 사용하여 콘크리트의 시공연도를 증진시키고, 단위수량을 감소시켜 내구성, 수밀성이 향상된 콘크리트를 말한다. ✭✭

① 워커빌리티(시공연도)가 좋고 재료분리가 적다.
② 단위수량을 줄일 수 있다.
③ 동일 물시멘트비인 경우 압축강도가 낮다. (공기량이 1[%] 증가하면 강도가 5[%] 정도 감소한다.)
④ 동결 융해에 대한 저항성이 크다.
⑤ 철근에 대한 부착강도가 감소한다.
⑥ 제물지창 콘크리트(노출되는 콘크리트 면을 그대로 마감면으로 사용하는 콘크리트) 시공에 적당하다.

2) 매스 콘크리트(mass concrete)

부재 혹은 구조물의 치수가 커서 시멘트의 수화열에 의한 온도 상승 및 강하를 고려하여 설계, 시공해야 하는 콘크리트를 말한다. ✭✭

매스콘크리트에 발생하는 균열의 제어방법

① 플라이애쉬 등 포졸란계 혼화재를 사용하거나 저발열성 시멘트를 사용한다.
② 골재 최대 치수를 크게하고 슬럼프 값은 최대한 적게하여 시멘트 양을 줄이다.
③ 파이프 쿨링을 실시한다.
④ 온도균열지수에 의한 균열발생을 검토한다.

3) 중량 콘크리트(방사선 차폐용 콘크리트) ✭

① 방사선을 차폐할 목적으로 중량 골재를 사용하는 콘크리트를 말한다.
② 중량골재의 종류에는 자철광, 중정석, 갈철광 등이 있다.

4) 경량기포콘크리트(ALC : Autoclaved Lightweight Concrete)

골재를 사용하지 않고 콘크리트 속에 미세하고 안정된 독립공기를 조성하는 기포제(알루미늄 분말)를 혼입하여 경량화 한 콘크리트를 말한다. ✭

① 보통콘크리트에 비하여 탄산화(중성화)의 우려가 크다.
② 열전도율은 보통콘크리트의 약 1/10 정도로 단열성이 우수하다.
③ 현장에서 취급이 편리하고 절단 및 가공이 용이하다.

④ 다공질이므로 흡수성이 높은 편이고 동해에 대한 저항성이 낮다.(겨울철 콘크리트에 함유된 수분이 얼어 동해를 일으킨다.)
⑤ 압축강도에 비해서 **휨강도**나 **인장강도**는 상당히 약하다.

5) 서중 콘크리트 ✈

기온이 30[℃] 이상인 상태에서 시공하는 콘크리트이다.
① 콘크리트의 슬럼프 저하 및 수분의 급격한 증발 등에 의한 균열발생의 위험이 있다.
② 콘크리트의 온도가 낮아지도록 재료의 배합, 타설, 양생에 주의를 기울여야 한다.
③ 고로시멘트, 플라이애시시멘트 등 저발열 시멘트를 사용한다.
④ 단위 수량 및 시멘트량을 적게하여 수화열을 적게 한다.
⑤ 감수제, AE 감수제, 유동화제 등을 사용한다.
⑥ 타설 시 온도는 35℃ 이하, 1.5시간 이내로 타설한다.
⑦ Pre-cooling에 의한 골재, 물 등의 재료를 냉각한다.
⑧ 거푸집, 철근 등은 살수 및 덮개 등의 조치를 강구한다.

6) 한중 콘크리트 ✈

1일 평균기온 4℃ 이하가 되는 시기에 타설하는 콘크리트를 말한다.
① 콘크리트의 비빔온도는 기상조건 및 시공조건 등을 고려하여 정한다.
② 재료를 가열할 경우 물 또는 골재를 가열하는 것으로 하며, 골재는 직접 불꽃에 대어 가열해서는 안 되고, 시멘트는 어떠한 경우라도 직접 가열하면 안 된다.
③ 타설 시의 콘크리트 온도는 5℃ 이상, 20℃ 미만으로 한다.
④ 빙설이 혼입된 골재, 동결상태의 골재는 원칙적으로 비빔에 사용하지 않는다.

7) 폴리머(시멘트) 콘크리트

결합재로써 시멘트를 사용하지 않고 폴리머(고분자)를 골재만으로 결합하여 콘크리트를 제조한 것으로써 플라스틱 콘크리트(Plastic concrete)라고도 한다.
① 방수성 및 수밀성이 우수하고 동결융해에 대한 저항성이 양호하다.
② 휨 및 신장능력이 우수하다.
③ 고강도, 내구성이 우수하며 내부식성, 내약품성이 우수하여 구조물에 다양하게 이용된다.
④ 모르타르, 강재, 목재 등의 각종 재료와 잘 접착한다.

8) 프리플레이스트 콘크리트

콘크리트 타설할 거푸집 안에 굵은 골재를 미리 채워 넣은(Pre-packing) 후 모르타르를 주입한 콘크리트를 말한다.

① 굵은 골재의 최소 치수는 15mm 이상, 굵은 골재의 최대 치수는 부재단면 최소 치수의 1/4 이하, 철근 콘크리트의 경우 철근 순간격의 2/3 이하로 하여야 한다.
② 골재의 적절한 입도 분포를 위해 일반적으로 굵은 골재의 최대 치수는 최소 치수의 2~4배 정도로 한다.
③ 대규모 프리플레이스트 콘크리트를 대상으로 할 경우, 굵은 골재의 최소 치수를 크게 하는 것이 효과적이다.

9) 프리스트레스트 콘크리트

고강도 강선을 사용하여 인장응력을 미리 부여함으로써 큰 응력을 받을 수 있도록 제작된 콘크리트를 말한다.

제3장 석재

(1) 석재의 일반적인 성질

① 석재의 비중이 클수록 강도가 크며, 공극률이 클수록 내화성이 크다.
② 흡수율은 동결과 융해에 대한 내구성의 지표가 된다.
③ 인장강도는 압축강도의 1/10 ~ 1/30 정도이다.

(2) 석재의 화학적 성질

① 규산분을 많이 함유한 석재는 내산성이 크고, 석회분을 함유한 석재는 내산성이 적다.
② 대리석, 사문암 등은 내장재로 사용하는 것이 바람직하다.
③ 조암광물 중 장석, 방해석 등은 산류의 침식을 쉽게 받는다.
④ 산류를 취급하는 곳의 바닥재는 황철광, 갈철광 등을 포함하지 않아야 한다.

(3) 석재 시공 시 유의하여야 할 사항

① 외벽 특히 콘크리트 표면 첨부용 석재는 경석을 사용하여야 한다.
② 동일 건축물에는 동일 석재로 시공하도록 한다.
③ 석재를 구조재로 사용할 경우 직 압력재로 사용하여야 한다.
④ 중량이 큰 것은 높은 곳에 사용하지 않도록 한다.

(4) 석재의 성인에 의한 분류 ✦

화성암	① 화강암 ② 안산암 ③ 현무암 **특급 암기법** 화성의 현(현무암)안(안산암)은 강함(화강암)이다.
수성암	① 사암 ② 점판암 ③ 석회암 ④ 응회암 **특급 암기법** 수성이는 사점 맞고 응석 부림
변성암	① 대리석 ② 석면 ③ 테라죠 **특급 암기법** 변(변성암)테(테라죠) 대(대리석) 면(석면)

(5) 화성암의 종류

화강암	1) 화강암의 특징 ✦ ① 내구성 및 강도가 크고 외관이 수려하여 내·외장재로 쓰인다. ② 결정체의 크고 작음에 따라 외관과 강도가 다르다. ③ 구조재, 내외장재, 도로포장재, 콘크리트용 골재 등으로 사용된다. ④ 경도가 크기 때문에 세밀한 조각 등에 적당하지 않다. ⑤ 내화도가 낮아 고열을 받는 곳에는 적당하지 않다. ⑥ 화강암의 내구연한은 75 ~ 200년 정도로서 다른 석재에 비하여 비교적 수명이 길다. 2) 화강암의 색상 ① 전반적인 색상은 밝은 회백색이다. ② 흑운모, 각섬석, 휘석 등은 검은색을 띤다. ③ 산화철을 포함하면 미홍색을 띤다. ④ 색상은 장석에 의해 좌우된다.
안산암	① 석질이 치밀하여 강도와 경도가 높고 내구성, 내화성이 크다. ② 구조재, 바닥재로 사용된다.
현무암	① 입자가 잘거나 치밀하며 색은 검은색·암회색이다. ② 석질이 치밀하여 토대석, 석축에 사용된다.

(6) 수성암의 종류

사암	경질사암은 외벽재 및 경구조재, 연질사암은 내장재로 사용된다.
점판암	천연슬레이트로서 지붕재, 외벽, 마루 등에 쓰이며 숫돌, 비석으로 사용된다.
응회암	응회석은 다공질이고 내화도가 높으므로 특수 장식재나 경량골재, 내화재 등에 사용된다.
석회암	• 시멘트, 석회의 원료로 사용된다. • 석회암은 석질이 치밀하나 내화성이 부족하다.

(7) 변성암의 종류 ☆

대리석	• 석회암이 변화되어 결정화된 것으로 치밀, 견고하고 외관이 아름답다. • 광택이 나며 실내장식재, 조각재로 사용된다.
석면	• 섬유상을 띠는 규산염 광물의 일종(사문암 또는 각섬암이 열과 압력을 받아 변질하여 섬유 모양의 결정질이 된 것) • 단열재·보온재·내화재 등으로 사용되었으나, 인체 유해성으로 사용이 규제되고 있다.
테라죠	• 대리석을 종석으로 한 인조석의 일종이다. • 테라죠 판 : 부순 골재, 안료, 시멘트 등을 혼합한 콘크리트로 성형하고 경화한 후 표면을 연마하고 광택을 내어 마무리한 제품을 말한다.

(8) 석재의 종류와 용도

① 화산암 : 경량골재
② 화강암 : 콘크리트용 골재, 외장재
③ 대리석 : 조각재, 내장재, 실내 장식재 ☆
④ 응회암 : 고온 로의 재료, 특수 장식재, 경량골재, 내화재
⑤ 점판암 : 지붕재
⑥ 사문암 : 암녹색 바탕에 흑백색의 아름다운 무늬가 있고, 경질이나 풍화성이 있어 외장재보다는 내장 마감용 석재(실내 장식용, 대리석용 석재)로 이용된다. ☆
⑦ 석회암 : 시멘트, 석회의 원료
⑧ 현무암 : 토대석, 석축
⑨ 석면 : 단열재·보온재·내화재(인체 유해성으로 사용이 규제됨) ☆

⑩ 감람석 : 크롬, 철광으로 된 흑록색의 치밀한 석질의 화성암으로 건축 장식재로 이용된다. ✗
⑪ 중정석 : X선 차단 콘크리트용 골재 ✗
⑫ 트래버틴(대리석 일종의 석회암) ✗
- 석질이 불균일하고 다공질이다.
- 황갈색 반문이 있다.
- 탄산석회를 포함한 물에서 침전, 생성된다.
- 바닥재, 벽재, 테이블 상단 등 내장재로 사용된다.

제4장 점토 및 점토제품

(1) 점토의 일반성질 ✗

① 양질의 점토는 물을 흡수하여 가소성을 나타내며, 점토 입자가 미세할수록 가소성은 좋아진다. ✗
② 점토의 주성분은 실리카와 알루미나이다.
③ 인장강도는 점토의 조직에 관계하며 입자의 크기가 큰 영향을 준다.
④ 압축강도는 인장강도의 약 5배 정도이다. ✗
⑤ 점토제품의 색상은 철산화물 또는 석회물질, 망간화합물, 소성온도에 의해 나타난다.(소성 색상은 석회물질이 많을수록 황색, 철산화물이 많을수록 적색이 된다.) ✗
⑥ 사질점토는 적갈색으로 내화성이 부족하며 보통벽돌, 기와, 토관의 원료로 사용된다.
⑦ 자토는 순백색이며 내화성이 우수하나 가소성은 부족하다.
⑧ 석기점토는 유색의 견고하고 치밀한 구조로 내화도가 높고 가소성이 있다.
⑨ 석회질점토는 백색으로 용해되기 쉽다.
⑩ Fe2O3 등의 성분이 많으면 건조수축이 커서 고급 도자기 원료로 부적합하다.
⑪ 점토제품에서 SK번호는 소성온도를 나타낸다. ✗
⑫ 점토의 소성온도는 점토의 성분이나 제품의 종류에 따라 다르다.(저온으로 소성된 제품은 화학변화를 일으키기 쉽다.)
⑬ 점토를 소성하면 용적, 비중 등의 변화가 일어나며 강도가 현저히 증대된다.
⑭ 점토를 가공 소성하여 냉각하면 금속성의 강성을 나타낸다.

(2) 점토제품의 백화 ✖✖

벽돌을 접착시키는 모르타르의 석회분이 빗물에 유출될 경우 수산화칼슘이 공기 중의 탄산가스 또는 벽돌의 유황성분과 결합하여 흰 가루가 생기는 현상을 말한다.

(3) 점토제품의 백화현상 방지 대책 ✖✖

① 흡수율이 작은 벽돌이나 타일을 사용한다.
② 벽돌이나 줄눈에 빗물이 들어가지 않는 구조로 한다.
③ 줄눈 모르타르의 단위 시멘트량을 적게 한다.
④ 수용성 염류가 적은 소재를 사용한다.

(4) 벽돌

1) 점토벽돌

점토, 고령토 등을 원료로 하여 혼련, 성형, 건조, 소성시켜 만든 벽돌을 말한다.

2) 특수벽돌

포도벽돌	• 도로나 마룻바닥에 까는 두꺼운 벽돌로서 원료를 연와토 등을 쓰고 식염유로 시유 소성한 벽돌이다. • 경질이며, 흡습성이 적고 두꺼워서 도로·복도·창고·공장 등의 바닥에 사용된다.
내화벽돌	• 내화점토로 만든 벽돌로 고온의 보일러 내부 및 굴뚝, 화로 등에 사용된다. • 내화벽돌의 주원료 광물 : 납석

3) 점토벽돌의 품질 ✖

품질	종류	
	1종	2종
흡수율(%)	10.0 이하	15.0 이하
압축강도(MPa)	24.50 이상	14.70 이상

4) 점토벽돌의 치수 및 허용차 ✭✭

단위 : mm

항목	구분		
	길이	너비	두께
치수	190	90	57
	230	90	57
	290	90	48
허용차	±5.0	±3.0	±2.5

(5) 기타 점토제품

1) 테라코타 ✭
   - 점토를 구워 만든 점토제품으로 건축구조용과 장식용으로 사용된다.
   - 주로 석기질 점토나 상당히 철분이 많은 점토를 원료로 사용하며, 건축물의 패러핏, 주두 등의 장식에 사용되는 공동의 대형 점토제품을 말한다.

2) 자기 ✭
   ① 양질의 도토 또는 장석분을 원료로 하며, 흡수율이 1% 이하로 거의 없다.
   ② 소성온도가 약 1230~1460℃로 가장 높다.
   ③ 모자이크 타일, 위생도기 등에 주로 사용된다.

3) 세라믹(도자기, 불에 구운 돌)
   열과 냉각 등으로 굳어진 비금속을 뜻하며 세라믹 제품에는 도자기, 벽돌, 타일 등이 있다.
   ① 내열성, 화학저항성이 우수하다.
   ② 단단하고, 압축강도가 높다.
   ③ 전기절연성이 있다.
   ④ 가공이 어렵고 높은 취성(깨지기 쉬운 성질)을 가진다.

4) ALC 제품
   벽돌에 기포를 넣어 경량화한 제품을 말한다. ✭
   ① 규산질, 석회질 원료를 주원료로 하여 기포제와 발포제를 첨가하여 만든다.
   ② 경량이며 단열성, 시공성이 매우 우수하다.
   ③ 내화성이 크고 차음성이 우수하다.

④ 흡수성이 크고, 표면마모가 쉽고 강도가 크지 않아 외벽 및 구조재로는 적합하지 못하다.

제5장 강재 및 금속재

(1) 강의 열처리 ★★

풀림	강을 800 ~ 1000℃까지 가열한 후 로(爐)의 내부에서 서서히 냉각시킨다.
불림	강을 800 ~ 1000℃까지 가열한 후 공기 중에서 서서히 냉각시킨다.
담금질	강을 800 ~ 1000℃까지 가열한 후 물 또는 기름 속에서 급히 냉각시킨다.
뜨임질	담금질을 한 후 다시 200 ~ 600℃로 가열한 다음 공기 중에서 천천히 냉각시킨다.

특급 암기법 내부에서 풀어주고, 공기에서 불리고, 물·기름에 담그면 공기에서 뜬다.

(2) 비철금속의 성질 및 용도 ★

① 동은 전연성이 풍부하므로 가공하기 쉽다.
② 납은 묽은 산과 알칼리에는 잘 침식되지 않지만 질산과 같은 강한 산에는 침식된다.(콘크리트에 침식되지 않는다.)
③ 아연은 이온화 경향이 크고 철에 의해 침식된다.
④ 대부분의 구조용 특수강은 니켈을 함유한다.

(3) 금속의 부식방지 대책(방식 대책) ★

① 가능한 한 이종 금속은 이를 인접, 접속시켜 사용하지 않을 것
② 균질한 것을 선택하고, 사용할 때 큰 변형을 주지 않도록 할 것
③ 큰 변형을 준 것은 가능한 한 풀림하여 사용할 것
④ 가능한 한 건조상태로 유지하고 부분적인 녹은 빨리 제거할 것
⑤ 도료 및 내식성이 큰 금속의 기밀 또는 수밀성 보호피막을 만들거나 방부피막을 실시할 것

(4) 방청 안료(녹 방지 안료)

① 금속 부식을 방지하고 금속 표면에 대한 페인트의 보호 효과를 향상시킨다.
② 연단, 징크로메이트, 크롬산아연 등이 있다.

(5) 비철금속의 종류별 특성

1) 동(Cu : 구리) ✯

① 동은 건조한 공기 중에서는 산화하지 않으나, 습기가 있거나 탄산가스가 있으면 녹이 발생한다.
② 동은 맑은 물에는 침식되지 않으나 해수에는 침식된다.
③ 산 및 알칼리에 약하다.(콘크리트에 접하는 곳에서는 부식이 빠르다.)
④ 전기 및 열전도율이 매우 크다.
⑤ 건축용 판재, 지붕재료, 못, 급배수용 배관 등 냉난방재료로 사용된다.

2) 동합금

황동(Cu+Zn)	청동(Cu+Sn) ✯
① 동과 아연의 합금으로 동보다 단단하며 가공이 용이하다. ② 창문의 레일, 경첩, 장식철물, 나사 등에 사용한다.	① 동(구리)과 주석을 주성분으로 한 합금이다. ② 건축용 장식품, 미술 공예 재료로 사용한다. ③ 황동보다 내식성이 좋고 내마모성과 주조성이 우수하다.

3) 알루미늄(Al) ✯

① 철 비중의 1/3정도의 경량이며, 전·연성이 우수하여 가공하기 쉽다.
② 열, 전기의 양도체이며 반사율이 크다.
③ 내화성이 작고 열팽창이 크다.
④ 산과 알칼리에 약하다.(알칼리나 해수에 침식되기 쉽다.)
⑤ 대기 중에 방치하면 산화알루미늄 피막을 형성하여 내구적이다.
⑥ 콘크리트에 접하거나 흙 중에 매몰된 경우에 부식되기 쉽다.
⑦ 순도가 높은 알루미늄일수록 내식성이 좋고 전·연성이 커진다.
⑧ 부식률은 대기 중의 습도와 염분 함류량, 불순물의 양과 질 등에 관계되며 0.08mm/년 정도이다.
⑨ 융점이 낮기 때문에 용해주조는 좋으나 내화성이 부족하다.
⑩ 알루미늄과 강판을 접촉하여 사용하면 알루미늄판이 부식된다.

4) 납 ✮

① 비중 크고, 연성과 전성이 커서 가공하기 쉽다.
② X선 차단효과가 큰 금속이다.(방사선실 방사선 차폐용으로 사용)
③ 묽은 산과 알칼리에는 잘 침식되지 않지만 질산과 같은 강한 산에는 침식된다.
④ 공기 중에서 탄산연($PbCO_3$) 등이 표면에 생겨 내부를 보호한다.
⑤ 인장강도가 극히 작은 금속이다.(전성은 크나 연성은 작다.)

5) 주석 ✮

주조성·단조성이 좋으며, 인체에 무해하여 식품 보관용 용기 등에 사용된다.

(6) 금속 제품

1) 와이어 메시(wire mesh) ✮

① 고강도 철선을 세로선과 가로선을 직각으로 배열하여 교차점을 전기용접으로 접합한 격자형의 시트를 말한다.
② 콘크리트 바닥, 벽체, 지붕 등의 균열억제 및 보강용 철근으로 사용된다.

2) 라스

메탈라스 (metal lath)	① 연 강판에 일정한 간격으로 그물눈을 내고 늘여 철망모양으로 만든 것을 말한다. ② 천장·벽 등의 모르타르 바름 바탕용으로 사용된다.
와이어라스 (wire lath)	① 아연도금 철선 또는 보통 철선을 서로 교차시켜 만든 일종의 철망이다. ② 주로 미장 바름의 바탕용으로 사용된다.

3) 익스팬디드 메탈(Expended Metal)

얇은 철판에 일정 간격으로 절단면을 낸 펀칭메탈을 길게 늘여 마름모꼴 형상의 공극을 생기도록 한 것이다.

4) 줄눈대(metallic joiner)

인조석 갈기 및 테라조 현장 갈기 등에 사용되는 구획용 철물로 사용된다.

5) 데크 플레이트

강재류를 요철 가공하여 바닥구조에 사용하는 성형된 판으로 콘크리트 슬래브의 거푸집 패널 또는 바닥판 및 지붕판으로 사용된다. ✮

6) 장식용 금속 제품 ✭

① 코너비드 : 벽, 기둥 등의 모서리 부분의 미장 바름을 보호하기 위하여 사용하는 모서리쇠
② 조이너 : 천장에 보드를 붙인 후 그 이음새를 감추기 위한 목적으로 사용
③ 펀칭메탈 : 환기구멍이나 라디에이터의 덮개역할로 사용

7) 창호용 철물 ✭

① 피벗힌지(pivot hinge) : 경첩 대신 촉을 사용하여 여닫이문을 회전시킨다.
② 나이트 래치(night latch) : 외부에서는 열쇠, 내부에서는 작은 손잡이를 틀어 열 수 있는 실린더장치로 된 것이다.
③ 크레센트(crescent) : 오르내리창 또는 미서기창의 잠금 철물로 사용된다.
④ 래버터리 힌지(lavatory hinge) : 스프링 힌지의 일종으로 공중용 화장실 등에 사용된다.
⑤ 플로어 힌지 : 경첩으로 유지할 수 없는 무거운 자재의 여닫이문에 사용된다.
⑥ 지도리 : 장부가 구멍에 들어 끼어들게 만든 철물로서 회전창에 사용된다.
⑦ 도어클로저(도어체크) : 문을 열면 자동적으로 문이 닫히게 하는 장치를 말한다.

제6장 미장 및 방수 재료

(1) 응결 경화 방식에 의한 미장재료의 분류 ✭✭✭

구분	종류
수경성 (팽창성) : 경화시간이 짧다.	① 석고질 　• 석고 플라스터 　• 혼합석고 플라스터(배합석고) 　• 경석고 플라스터(킨즈시멘트) ② 시멘트모르타르 ③ 인조석 바름 ④ 테라조 현장 바름 **특급 암기법** 수(수경성) 고(석고)하는 시(시멘트모르타르)인(인조석) 테라조

구분	종류
기경성 **(수축성,** **알칼리성)** : 경화시간이 길다.	① 석회질 　• 회반죽 　• 회사벽 ② 돌로마이트플라스터(마그네시아 석회) **특급 암기법** 기(기경성) 회(석회, 회반죽, 회사벽) 돌(돌로마이트플라스터)

• 수경성 : 물과 작용하여 경화하고 차차 강도가 크게 되는 성질
• 기경성 : 공기 중에서 경화하는 것으로 공기가 없는 수중에서는 경화되지 않는 성질

(2) 미장재료의 구성 재료 ✮

① 부착재료는 마감과 바탕재료를 붙이는 역할을 한다.
② 무기혼화재료는 시공성 향상 등을 위해 첨가된다.
③ 풀재는 점성을 가지게 하기 위해 첨가된다.
④ 여물재는 균열방지를 위해 첨가된다.

(3) 미장재료의 종류 및 특성

1) 회반죽 ✮

① 소석회에 모래, 해초풀, 여물 등을 혼합하여 바르는 미장재료이다.
② 목조바탕, 콘크리트 블록 및 벽돌 바탕 등에 사용된다.
③ 경화건조에 의한 수축률은 미장 바름 중 큰 편이다.
④ 발생하는 균열은 여물로 분산·경감시킨다.

2) 여물 ✮

① 건조 수축에 의한 균열을 방지할 목적으로 여물을 첨가한다.
② 재료에 끈기를 주어 흘러내림을 방지한다.
③ 흙손질을 용이하게 하는 효과가 있다.
④ 바름 중에는 보수성을 향상시키고, 바름 후에는 건조에 따라 생기는 균열을 방지한다.
⑤ 여물의 섬유는 질기고 가늘며 부드럽고 흰색일수록 양질의 제품이다.

3) 석고플라스터

① 석고, 물, 모래의 성분으로 마르면 경화하는 성질이 있다.
② 건조하면 팽창하는 성질이 있어서 건조 시 균열 발생이 없다. ✮

4) 경석고 플라스터(킨즈 시멘트) ✈

① 무수석고 + 모래 + 여물 + 물로 구성된다.
② 강도가 크고 수축균열이 거의 없다.
③ 무수석고의 경화를 촉진시키기 위해 혼화재료로 백반을 사용한다.
③ 백반은 산성이므로 금속을 녹슬게 하는 결점이 있다. (다른 소석고와 혼합 금지)

5) 돌로마이트 플라스터 ✈

① 돌로마이트 석회에 모래, 여물을 혼합한 것
② 점도가 높아 해초풀이 필요 없고 시공이 용이하다.
③ 경화에 의한 수축률이 커서 균열 발생 쉽다.
④ 통풍이 잘 되지 않는 지하실의 미장재료로 적절하지 못하다.
⑤ 보수성이 크고 응결시간이 길다.
⑥ 회반죽에 비하여 조기강도 및 최종강도가 크고 착색이 쉽다.
⑦ 여물을 혼입하여도 건조수축이 크기 때문에 수축 균열이 발생한다.

6) 미장재료 중 시공 후 강재의 초기 부식을 유발하는 재료

① 마그네시아 시멘트
② 경석고 플라스터
③ 보드용 석고 플라스터

7) 미장용 혼화재료 중 착색을 목적으로 하는 착색재

① 합성산화철
② 카본블랙
③ 이산화망간

(4) 미장바탕이 갖추어야 할 조건 ✈

① 미장 바름을 지지하는데 필요한 강도와 강성이 있을 것(미장층보다 강도, 강성이 클 것)
② 미장 층과 유효한 접착강도를 얻을 수 있을 것
③ 미장 층의 경화, 건조에 지장을 주지 않을 것
④ 미장 층과 유해한 화학반응을 하지 않을 것

(5) 방수공법

1) 방수공법의 종류

① 시멘트(Cement) 액체 방수(시멘트 모르타르 방수) : 방수제 및 방수액 등을 혼합한 모르타르를 발라 피막 방수층을 형성하는 공법
② 피막(Membrane) 방수 : 지붕, 차양, 발코니, 외벽 등 얇은 피막상의 방수층으로 전면을 덮는 방수공법
③ 시트(Sheet) 방수(합성수지 고분자 방수) : 합성고분자 루핑을 접착재로 부착하여 방수층을 형성하는 공법
④ 도막 방수 : 액체로 된 방수도료를 여러 번 칠하여 방수막을 형성하는 공법

2) 도막방수의 종류

① 유제형 도막방수(에멀션형) : 수지유제(아크릴, 합성고무, 초산비닐)를 수회 칠하여 두께 0.5~1mm정도의 방수피막을 형성하는 공법이다.
② 용제형 도막방수(솔벤트형) : 합성고무를 휘발성용제에 녹여 수회 칠하여 두께 0.5~0.8mm 정도의 방수피막을 형성하는 방법이다.
③ 에폭시계 도막방수
  • 에폭시수지를 수회 칠하여 0.1~0.2mm 정도의 얇은 도막을 형성하는 공법이다.
  • 내약품성, 내마모성이 우수하여 화학공장의 방수층을 겸한 바닥 마무리로 가장 적합하다.

3) 도막방수 재료

① 무기, 유기질 혼화재
② 아크릴고무 도막재
③ 고무아스팔트 도막재
④ 우레탄고무 도막재
  • 지붕 및 일반 바닥에 가장 일반적으로 사용되는 것으로 주제와 경화제를 일정 비율 혼합하여 사용하는 2성분형과 주제와 경화제가 이미 혼합된 1성분형으로 나누어진다.

4) 아스팔트(Asphalt): 천연 혹은 석유 아스팔트를 이용한다.

① 침입도(아스팔트의 양부(良否)를 판별하는 주요 성질)
  • 침입도란 어떤 조건에서 아스팔트가 얼마나 굳은가의 정도(아스팔트의 경

도)를 나타내는 값으로 규정된 굵기와 무게를 갖는 바늘이 아스팔트 속으로 관입하는 깊이로 표시한다.
- 표준 침이 시료 중에 관입한 깊이를 표시하는 단위는 관입량 0.1mm를 침입도 1로 표시한다.
- 시험조건 : 시험중량 100g, 시험온도 25℃, 관입시간 5초를 표준으로 한다.
- 역청재의 온도는 침입도 값에 비례한다.

② 연화점
- 아스팔트를 가열하여 액상의 점도에 도달했을 때의 온도를 말한다.
- 연화점이 높을수록 좋은 아스팔트이다. ✪

③ 인화점
- 아스팔트를 가열하여 불을 대는 순간 불이 붙을 때의 온도를 말한다.
- 아스팔트의 인화점은 250~320[℃] 정도이다.

④ 감온비
- 아스팔트의 온도변화에 따른 침입도의 변화 정도를 나타내는 수치이다. (온도는 아스팔트의 침입도, 점도, 경고, 연신율 등에 가장 큰 영향을 준다.)
- 감온성 : 외부 온도변화에 따라 아스팔트의 경도 및 점도 등이 변화하는 성질을 말한다.

⑥ 신도
- 아스팔트가 신장되는 늘임의 정도를 말한다.

5) 방수지

① 아스팔트 펠트
- 유기성 섬유(양모, 폐지)를 가열, 고착하여 만든 펠트에 스트레이트 아스팔트를 침투시킨 것이다.
- 내구성이 약해 주로 바탕용으로 사용된다.

② 아스팔트 루핑 ✪
- 동·식물섬유를 원료로 한 펠트에 스트레이트 아스팔트를 침투시키고, 양면을 블로운 아스팔트로 피복한 후 표면에 광물질 분말을 살포한 것이다.
- 방수성이 크다.

③ 특수 루핑
- 석면 아스팔트 루핑, 모래붙임 루핑, 망상 루핑, 알루미늄 루핑 등이 있다.

(6) 아스팔트의 종류

1) 천연 아스팔트 ✮

① 레이크(lake) 아스팔트
② 로크(rock) 아스팔트
③ 아스팔타이트

2) 석유계 아스팔트 ✮

스트레이트 아스팔트	① 아스팔트 성분이 가능한 한 변화되지 않도록 만든 것이다. ② 점착성, 신성(신축성), 침투성, 방수성 등이 우수하다. ③ 연화점이 낮고, 내구력이 떨어지고, 내후성 및 온도에 의한 변화정도가 커서 주로 지하실 방수용으로 사용된다. ④ 점착성, 신성(신축성, 신장성), 침투성, 방수성은 스트레이트 아스팔트가 블로운 아스팔트보다 크다.
블로운 아스팔트	① 점성이나 침투성은 작다. ② 연화점이 높고 열에 대한 안정성이 크고 내후성이 커서 주로 지붕 또는 옥상방수에 사용된다. ③ 연화점, 열안정성은 블로운 아스팔트가 스트레이트 아스팔트보다 크다.
아스팔트 컴파운드	① 블로운 아스팔트에 동·식물섬유를 혼합하여 유동성이 있게 만든 것이다. ② 용해점이 높고 고착력·신축이 양호하여 **최우량품이며 방수공사용**으로 사용한다.
아스팔트 프라이머	① 아스팔트를 휘발성 용제로 녹인 것으로 콘크리트 등의 모체에 침투가 용이하다. ② 아스팔트 방수 시공 시 가장 먼저 사용되는 바탕처리재이며 방수의 역할보다는 콘크리트 바탕면과 아스팔트 방수층과의 부착력을 증대시키는 역할을 한다.

3) 아스팔트 제품

① 아스팔트 펠트 ✮
  - 유기천연섬유 또는 석면섬유를 결합한 원지에 연질의 스트레이트 아스팔트를 침투시킨 것이다.
  - 아스팔트 방수 중간층 재료, 모르타르 바탕의 방수 및 방습재, 내·외벽의 리스 등에 사용된다.

② 아스팔트 루핑 ✖️
- 동·식물섬유를 원료로 한 펠트에 스트레이트 아스팔트를 침투시키고, 양면을 블로운 아스팔트로 피복한 후 표면에 광물질 분말을 살포한 것이다.
- 건물의 평지붕의 방수층, 슬레이트의 평판 및 금속판의 지붕 깔기 바탕으로 사용된다.

제7장 합성수지, 도료 및 접착제

(1) 열경화성 및 열가소성수지의 종류 ✖️✖️

열경화성 수지	열가소성 수지
• 페놀 수지 • 요소 수지 • 멜라민 수지 • 알키드 수지 • 실리콘 수지 • 에폭시 수지 • 우레탄 수지 • 프란 수지 • 폴리에스테르 수지 • 불포화폴리에스테르수지	• 염화비닐 수지 • 초산비닐 수지 • 메틸메탈크릴 수지 • 폴리에틸렌 수지 • 폴리스티렌 수지 • 아크릴 수지 • 스티롤 수지 • 셀룰로이드

특급 암기법 가수(열가소성수지) 염비 초비 메틸 에틸렌(폴리에틸렌) 아크릴 스티(스티롤) 로이드(셀룰로이드)

(2) 열경화성 수지의 특성 ✖️

멜라민 수지	① 마감재, 치장재, 가구재, 전기부품으로 사용된다. ② 경도가 크고 내수성이 작다.

폴리에스테르 수지	① 고분자 합성수지의 일종으로 상온, 상압 하에서 성형이 가능하고 기계적 강도가 높다. ② 글라스 섬유로 강화된 평판, 판상제품으로 주로 사용된다. ③ 전기절연성, 내열성이 우수하고 특히 내약품성이 뛰어나다.
에폭시 수지	① 접착제로 사용된다. ② 경화 시 휘발성이 적어 용적감소가 극히 적다.
요소 수지	① 내수합판의 접착제로 사용된다.
실리콘 수지	① 내약품성, 내후성, 내열성, 내한성이 우수하다. ② 개스킷, 패킹의 재료, 방수피막 등에 사용된다.

(3) 열가소성 수지의 특성 ✗

아크릴 수지	① 가열하면 연화 또는 융해하여 가소성이 되고, 냉각하면 경화한다. ② 분자구조가 쇄상구조로 되어 있다. ③ 투명도가 높아 유기유리(유기질 유리)라고도 불린다. ④ 무색, 투명하여 착색이 자유롭고 상온에서도 절단·가공이 용이하다. ⑤ 투광성이 크고 내약품성, 내후성이 크다.
폴리스티렌 수지	① 발포제로서 보드 상으로 성형하여 단열재로 널리 사용되며 천장재, 전기용품, 냉장고 내부 상자 등으로 사용된다. ② 전기절연성, 가공성이 우수하다.
염화비닐 수지	① 판재, 파이프 등의 각종 성형품으로 사용된다.
메타크릴 수지	① 메타크릴산메틸을 중합하여 만드는 열가소성수지
폴리우레탄 수지	① 내마모성이 있어 우레탄고무, 도료 접착제로 사용된다. ② 도막 방수재 및 실링재, 기포성 보온재로도 사용된다.

참고 폴리우레탄수지는 열가소성 폴리우레탄 및 열경화성 폴리우레탄이 있다.

(4) 합성수지 접착제

요소수지 접착제	① 상온에서의 접착력이 강하고 수분에 대한 저항성도 있다. ② 고온에 민감하여 65℃ 이상의 온도나 상대습도가 높은 경우에는 열화되는 단점이 있다.(내수성이 좋다고 할 수 있으나 다른 합성수지 접착제에 비해 내수성이 부족하다.) ③ 목재접합, 합판제조 등에 사용 된다. ④ 값이 저렴하다.
페놀수지 접착제	① 주로 목재 접착에 사용되며, 유리나 금속의 접착에는 적합하지 않다. ② 내열, 내수성이 우수한 편이다. ③ 기온이 20℃ 이하에서는 충분한 접착력을 발휘하기 어렵다. ④ 완전히 경화하면 적동색을 띤다. ⑤ 용제형과 에멀젼형이 있고 멜라민, 초산비닐 등과 공중합시킨 것도 있다.
에폭시수지 접착제	① 주제와 경화제로 이루어진 2성분계의 접착제이다.(접착제의 성능을 지배하는 것은 경화제라고 할 수 있다.) ② 금속, 석재, 플라스틱, 콘크리트 등 거의 모든 재료의 접착에 사용된다.(알루미늄과 같은 경금속 접착에 가장 적합하다.) ③ 급경성으로 내화학성, 내수성, 전기절연성이 우수하다. ④ 비스페놀과 에피클로로하이드린의 반응에 의해 얻을 수 있다. ⑤ 피막의 유연성이 부족하다.
멜라민수지 접착제	① 열경화성수지 접착제로 내수성이 우수하여 내수합판용으로 사용된다. ② 순백색 또는 투명백색이다. ③ 멜라민과 포름알데히드로 제조된다.
실리콘수지 접착제	① 실리콘수지는 내열성, 내한성이 우수하여 -60 ~ 260℃의 범위에서 안정하다. ② 탄성을 지니고 있고, 내후성도 우수하다. ③ 발수성(물이 스며들지 않는 성질) 및 내수성(물이 묻어도 젖지 않는 성질)이 있기 때문에 건축물, 전기 절연물 등의 방수에 쓰인다. ④ 내열성(내화성)이 우수한 알루미늄을 혼합하여 내열도료로 사용된다.
비닐수지 접착제	① 용제형과 에멀션(emulsion)형이 있다. ② 가격이 저렴하고 작업성이 좋다. ③ 내열성 및 내수성이 나쁘다. ④ 목재 및 가구, 창호, 도배 등의 접착에 사용된다. ⑤ 합성수지계 접착제 중 내수성이 가장 좋지 않은 접착제 : 초산비닐수지 접착제

(5) 도료의 구성

유지(oil)	도장 후 공기 중의 산소와 화합하여 도막구성 요소를 녹여서 유동성을 갖게 만드는 물질을 말한다. ① 건성유 : 아마인유(linseed oil), 오동유(tung oil), 마실유(삼씨기름, hemp oil) 등 ② 반건성유 : 대두유(콩기름, soubean oil), 채종류(채소씨 기름), 어유 등
건조제(dryer)	도료의 건조를 촉진시키기 위하여 가열하여 기름에 용해하여 사용한다. ✄ ① 상온에서 기름에 용해되는 건조제 : 리사지, 연단, 초산염, 이산화망간, 붕산망간, 수산망간 등 ② 가열하여 기름에 용해되는 건조제 : 코발트의 수지산 또는 지방산 염류, 납, 망간 등
휘발성 용제, 희석제, 신전제(thinner)	자체에는 용해성이 없으며, 기름의 점도를 작게 하여 작업을 편리하게 하는 것(페인트 등을 희석시키는 용도)으로 일반적으로 시너라고 한다.
수지(resin)	도막을 형성하는 데 주체가 되는 원료이다. ① 천연수지 : 송진, 세라믹, 에스테르, 크마론수지, 타르피치 등 ② 합성수지 : 알키드수지, 아크릴수지, 아미노수지, 폴리우레탄수지, 실리콘수지, 불소수지, 아크릴수지,
용제(Solvents)	① 액체에 물질을 녹여서 하나의 물질을 만들 때 녹이고 있는 액체를 말한다. ② 도료의 도막을 형성하는데 필요한 유동성을 얻기 위하여 첨가한다. ✄
안료(Pigment)	물, 기름 기타 용제에 녹지 않는 착색 분말을 말한다.
가소제(Plasticizer)	건조된 도막에 탄성, 가소성 등을 줌으로써 내구력을 증대시키기 위해 첨가하는 재료를 말한다.
전색제 (vechicle : 보일유)	도료가 액체 상태에 있을 때 안료를 분산 현탁시키고 있는 매질 부분을 말한다.

(6) 도료의 종류 및 특성

1) 수성 페인트 ✄

① 물을 용제로 하는 도료의 총칭으로 안료를 적은 양의 물로 용해하여 수용성 교착제와 혼합한 분말상태의 도료를 말한다.

② 수성페인트의 일종인 에멀션 페인트는 수성페인트에 합성수지와 유화제를 섞은 것이다.
③ 수성페인트의 재료로 아교·전분·카세인 등이 활용된다.
④ 회반죽면 또는 모르타르면의 칠에 적당하다.
⑤ 유성페인트에 비하여 광택이 없고 내구성 및 내마모성이 작다.
⑥ 건조시간이 짧고 사용이 간편하다.

2) 유성 페인트 ✬

① 건조시간이 길고 피막이 튼튼하고 광택이 있다.
② 내알칼리성이 약해서 **콘크리트, 모르타르, 회반죽** 등에는 사용하지 않는다.
③ 경도가 크고 내후성, 내수성이 좋아서 옥내외용으로 사용된다.
④ 독성 및 화재발생의 위험이 있다.

3) (유성)에나멜 페인트

① 접착력이 뛰어나고 색감이 강하다.
② 유성페인트보다 건조가 **빠르고**, 내수성 및 내약품성이 우수하다.

4) 유성 바니쉬

① 건조가 느리며 내후성이 작아서 옥외용으로 부적당하다.
② 투명한 도료로 내부용 목재에 사용된다.

단유성 바니쉬(골드사이즈)	수지의 비율이 기름의 양보다 많기 때문에 속건성이다.
중유성 바니쉬(코우펄 니스)	수지와 기름의 양이 같은 양으로 중건성이다.
장유성 바니쉬 (스파아니스 또는 보디니스)	수지보다 기름의 비율이 많은 바니쉬로 완건성이다.

5) 휘발성 바니쉬

① 휘발성 비니시에는 락(lock), 래커(lacquer) 등이 있다.
② 휘발성 바니시는 건조가 **빠르나** 도막이 얇고 부착력이 약하다.
③ 내구성이 우수하다.
④ 클리어래커는 안료가 들어가지 않는 도료(투명래커)로서 목재면의 투명도장에 쓰인다.
⑤ 클리어래커는 내후성이 좋지 않아 외부에 사용하기에는 적당하지 않고 내부용으로 주로 사용된다.

⑥ 클리어래커는 도막은 얇으나 견고하고 광택이 우수하다.
⑦ 래커에나멜은 불투명 도료로서 클리어래커에 안료를 첨가한 것을 말한다.
⑧ 셀락 니스 : 셀락(아주 작은 곤충의 분비물)을 변성 알코올에 용해한 것으로 목부의 옹이 땜, 송진막이, 스밈 막이 등에 사용되나, 내후성이 약하다.

6) 합성수지 도료

① 도막이 단단하고 내산성 및 내알칼리성이 우수하다.
② 유성페인트나 바니시보다 건조 시간이 **빠르다**.
③ 유성페인트나 바니시보다 방화성이 더 우수하다.

프탈산수지에나멜 도료	내알칼리성이 가장 적다.
에폭시수지 도료	• 에폭시수지 도료는 충격 및 마모에 강해 외부 방청용으로 사용된다. • 경화 시 휘발성이 없으므로 용적의 감소가 극히 적다.
합성수지 스프레이 코팅제	• 알키드수지·아크릴수지·에폭시수지·초산비닐수지를 용제에 녹여서 착색제를 혼입하여 만든 내·외장 도장재료를 말한다. • 내화학성, 내후성, 내식성이 좋고 치장효과가 있다.

(7) **방청 도료** : 녹막이 도료 또는 녹막이 페인트

① 광명단 도료
② 산화철 도료
③ 알루미늄 도료
④ 징크로메이트 도료
⑤ 워시 프라이머(에칭 프라이머)
⑥ 역청질 도료 : 탄화수소 화합물을 총칭하여 역청이라 하며, **역청재료는 천연 또는 원유의 건류 및 증류에 의해서 얻어지는 유기화합물, 아스팔트 등을** 말한다.

PART 04 건설시공

제1장 시공일반

(1) 시방서의 종류

① 표준시방서 : 시설물의 안전 및 공사시행의 적정성과 품질확보 등을 위하여 시설별로 정한 표준적인 시공기준으로서 발주청 또는 설계 등 용역업자가 공사시방서를 작성하는 경우에 활용하기 위한 시공기준을 말한다.
② 전문시방서 : 시설물별 표준시방서를 기본으로 모든 공종을 대상으로 하여 특정한 공사의 시공 또는 공사시방서의 작성에 활용하기 위한 종합적인 시공기준을 말한다.
③ 공사시방서 : 공사별로 건설공사 수행을 위한 기준으로서 계약문서의 일부가 되며, 설계도면에 표시하기 곤란하거나 불편한 내용과 당해 공사의 수행을 위한 재료, 공법, 품질시험 및 검사 등 품질관리, 안전관리계획 등에 관한 사항을 기술하고, 당해 공사의 특수성, 지역여건, 공사방법 등을 고려하여 공사별, 공종별로 정하여 시행하는 시공기준을 말한다.
④ 특기 시방서 : 당해 공사의 특수한 조건에 따라 표준시방서에 대하여 추가, 변경, 삭제를 규정한 시방서를 말한다.

(2) 시방서 및 설계도면 등이 서로 상이할 때의 우선순위 ✡

① 설계도면과 공사시방서가 상이할 때는 공사시방서를 우선한다.
② 설계도면과 내역서가 상이할 때는 설계도면을 우선한다.
③ 표준시방서와 전문시방서가 상이할 때는 전문시방서를 우선한다.
④ 설계도면과 상세도면이 상이할 때는 상세도면을 우선한다.

우선순위
공사시방서 > 설계도면 > 전문시방서 > 표준시방서 > 산출내역서 > 승인된 상세시공도면 > 관계법령의 유권해석 > 감리자의 지시사항

(3) 시공방식

1) 직영공사 ✿

① 건축주가 직접 계획을 세우고 재료구입, 노무자고용, 시공기계 및 가설재를 마련하여 모든 공사를 자기 책임 하에 시행하며 발주하는 방식이다.
② 영리목적의 도급공사에 비해 저렴하고 재료선정이 자유로우며, 특수한 상황에 신속하게 대처할 수 있 장점이 있으나, 고용기술자 등에 의한 시공관리능력이 부족하면 공사비 증대, 시공성의 결함 및 공기가 연장되기 쉬운 단점이 있다.
③ 군공사와 같은 기밀을 요하는 공사, 설계변경이 빈번한 공사, 문화재와 같이 고도의 기술을 요하는 공사, 재해응급 복구와 같이 대자본을 요하는 공사 등에 이용된다.

장점	단점
① 발주, 계약 등의 수속이 절감된다. ② 영리를 도외시한 확실성 있는 공사가 된다. ③ 특수한 상황에 신속하게 대처할 수 있다.	① 시공관리 능력이 부족하면 공사비 증대 및 공사 기일이 연장될 수 있다. ② 재료의 낭비 또는 잉여 장비가 발생할 수 있다. ③ 시공 관리 능력 부족으로 시공의 결함이 생길 수 있다.

2) 도급공사

(4) 공사 실시 방식에 따른 도급공사의 분류

1) 일식도급

공사의 전부를 한 도급자에게 맡기는 방식을 말한다.

2) 분할도급

공사를 유형별로 분류하여 각기 다른 전문 도급자를 선정하고 도급계약을 맺는 방식이다. ✿✿

전문공사별 분할도급	설비 공사를 주체 공사에서 분리하여 전문업자와 직접 계약하는 방식
공정별 분할도급	정지, 기초, 구체, 마무리 공사 등의 과정별로 나누어 도급을 주는 방식
공구별 분할도급	대규모 공사에서 한 현장 안에서 여러 지역별로 공사를 구분하여 발주하는 방식

(5) 공사비 지불방식에 따른 도급공사의 분류

1) 정액도급

계약에서 정해진 업무에 대하여 일정 계약금액(총 공사금액)을 계약자가 인수하는 형태의 계약으로 공사변경이 발생하여도 총 액 안에서 해결한다.

2) 단가도급

공사실적 수량에 단가를 곱해서 계약금액을 체결하는 형태의 계약으로 공사수량이 불분명 할 때 채택한다.

3) 실비정산 보수가산식 도급

실비와 보수를 분리하여 지급하는 형태의 계약을 말한다. ✄
① 실비 비율 보수가산식 : 공사실비 + (공사실비 × 비율보수)
  • 공사 진척에 따라 정해진 실비와 이 실비에 미리 계약된 비율을 곱한 금액을 시공자에게 보수로 지불하는 방식
② 실비 정액(정산) 보수가산식 : 공사실비 + 정액보수
  • 공사실비를 정산하고 약정에 의한 비율 또는 정액의 보수를 지급하는 방식
③ 실비 한정비율 보수가산식 : 한정된 실비 + (한정된 실비 × 비율보수)
  • 실비에 제한을 붙이고 시공자에게 제한된 금액이내에 공사를 완성할 책임을 주는 공사방식
④ 실비 준동률 보수가산식 : 공사 실비 + (공사 실비 × Variable)
  • 실비를 단계별로 나누어 해당 구간에 따른 보수 비율을 적용하는 방식

(6) 업무범위에 따른 계약방식 ✕✕

1) 턴키베이스 도급(turn-key base contract)
주문받은 건설업자가 대상 계획의 기업, 금융, 토지조달, 설계, 시공 등을 포괄하는 도급계약방식을 말한다.

2) 파트너링(Partnering)
발주자가 직접 설계와 시공에 참여하고 프로젝트 관련자들이 상호 신뢰를 바탕으로 Team을 구성해서 프로젝트의 성공과 상호이익 확보를 공동 목표로 하여 프로젝트를 추진하는 공사수행 방식을 말한다.

3) BOT 방식(Build-operate-transfer contrack) : 민간투자 발주방식
시설의 준공 후 일정기간 동안 사업시행자에게 해당 시설의 소유권이 인정되며 그 기간이 만료되면 시설소유권이 국가 또는 지방자치단체에 귀속되는 방식을 말한다.

4) 건설사업관리(CM: Construction Management)
건설사업관리라 함은 건설공사에 관한 기획·타당성조사·분석·설계·조달·계약·시공관리·감리·평가·사후관리 등에 관한 관리를 수행하는 것을 말한다.
① 건설사업의 공사비절감(Cost), 품질향상(Quality), 공기단축(Time)을 목적으로 발주자가 전문지식과 경험을 지닌 건설사업 관리자에게 발주자가 필요로 하는 건설사업 관리 업무의 전부 또는 일부를 위탁하여 관리하게 하는 새로운 계약발주방식 또는 전문관리 기법을 말한다.
② 건축 기획부터 설계, 시공, 유지관리까지의 건설의 전 과정에 걸쳐 프로젝트를 보다 효율적이고 경제적으로 수행하기 위하여 각 부문의 전문가들로 구성된 통합관리기술을 발주자에게 제공하는 도급계약의 형태이다.

대리인형 CM(CM for Fee)	시공자형 CM(CM at Risk)
① 서비스를 제공한 후 용역비(fee)를 지급받는 형태로 자문 또는 대리인의 역할을 수행한다. ② 시공자 또는 설계자와 직접적인 계약관계는 없다. ③ 공사비용, 공사기간, 품질 등에 대한 책임은 지지 않는다.	① CM이 직접 하도급자와 계약을 체결하여 시공의 전부 또는 일부를 담당하여 공사를 수행하는 방식이다. ② 공사비용, 공사기간, 품질 등에 대한 책임을 가진다.

> **참고** **종합건설업 제도(EC화 : Engineering construction)** ✭
>
> 건설사업의 대규모화, 전문화에 따라 단순 기술 시공이 아닌 고부가가치 추구하기 위한 업무영역의 확대를 의미한다.

(7) 낙찰제의 구분 ✭

① 최적격 낙찰제 : 입찰 가격은 물론 건설업체의 시공 능력과 기술을 함께 평가하여 낙찰하는 제도
② 제한적 최저가 낙찰제 : 예정가격 이하로 입찰한 자중 예정가격 대비 일정비율(예 : 90%) 이상 입찰자로서 최저가격으로 입찰한 자를 낙찰자로 결정하는 제도
③ 최저가 낙찰제 : 예정가격 이하로서 최저가격으로 입찰한 자를 낙찰자로 선정하는 제도
④ 적격 심사 낙찰제 : 예정가격 이하로서 최저가격으로 입찰한 자의 순으로 당해 계약이행능력을 심사(적격심사)해 낙찰자를 결정하는 제도

(8) 건설공사의 입찰 및 계약의 순서 ✭

입찰통지 → 현장설명 → 입찰 → 개찰 → 낙찰 → 계약

(9) 착공단계에서의 공사계획 수립 시 고려사항 ✭

① 현장원의 조직편성 : 가장 먼저 실시
② 예정 공정표의 작성
③ 실행예산의 편성과 통제
④ 하수급 업체의 선정
⑤ 가설물의 설치계획
⑥ 노무의 수배 및 조달 계획
⑦ 자재의 선정 및 구매계획
⑧ 소요 장비의 확보 계획

(10) 공정표

1) PDM 공정표(Precedence Diagram Method)

- 한 공종의 작업이 하나의 숫자로 표기되고 컴퓨터에 적용이 용이한 장점이 있어 많이 사용된다.
- 각 작업은 node로 표기되고 더미의 사용이 불필요하며 화살표는 단순히 작업의 선후관계만을 나타낸다.

2) 네크워크 공정표(network progress chart)

PERT(Program Evaluation and Review Technique)와 CPM(Critical Path Method)의 수법이 있다.

네트워크공정표의 장점	네트워크공정표의 단점
① 작업 상호 간의 관련성을 알기 쉽다. (개개의 관련 작업이 표시되어 있어 내용을 알기 쉽다.) ② 공사의 진척 관리를 정확히 할 수 있다. ③ 공기 단축 가능 요소의 발견이 용이하다. ④ 계획관리면에서 신뢰도가 높고 전자계산기의 사용이 가능하다.	① 다른 공정표에 비하여 작성시간이 많이 필요하다. ② 작성 및 검사에 특별한 기능이 요구된다. ③ 진척관리에 있어서 특별한 연구가 필요하다. ④ 표시상 제약으로 작업의 세분화 정도에는 한계가 있다.

3) PERT/CPM

연결망(network)을 이용하여 프로젝트를 효율적으로 수행할 수 있도록 시간과 비용을 합리적으로 계획 통제하는 기법을 말한다.

① 상세한 계획수립이 가능하다.
② 변화에 대한 신속한 대책수립이 가능하다.
③ 시간이 단축되고 비용이 절감된다.
④ 작업선 후 관계가 명확하고 책임소재 파악이 용이하다.
⑤ 정보교환이 용이하다.
⑥ 대규모 건설공사, 연구개발사업 등의 특정사업에 대한 일정계획수립 및 통제 기법으로 사용된다.

4) Network에 사용되는 용어 해설 ✦

용 어	기 호	내 용
Event(이벤트)	○	작업의 결합성, 개시점 또는 종료점
Activity (액티비티)	→	• 화살표로 표시하고 각각의 단위작업을 의미한다. • 화살표 위에는 작업명과 물량을, 아래에는 소요일수를 기입한다.
Dummy(더미)	→ (점선 화살표)	• 정상적으로 표현할 수 없는 작업 상호간의 관계를 표시한다. • 작업이나 시간의 요소는 없다.
가장 빠른 개시시각	EST	• 작업을 시작하는 가장 빠른 시간
가장 빠른 종료시각	EFT	• 작업을 끝낼 수 있는 가장 빠른 시간
가장 늦은 개시시각	LST	• 공기에 영향이 없는 범위에서 작업을 늦게 개시하여도 좋은 시각
가장 늦은 종료시각	LFT	• 공기에 영향이 없는 범위에서 작업을 늦게 종료하여도 좋은 시각
Path(패스)		• 네트워크 중에서 둘 이상의 작업이 이어지는 경로
주공정선 (CP : Critical Path)	CP	• 개시 결합점에서 종료 결합점에 이르는 가장 긴 경로 (가장 긴 패스)
Float(플로트)		• 작업의 여유시간
Slack(슬랙)	SL	• 결합점이 가지는 여유시간
전체여유 (TF : Total Float)	TF	• 전체 공사기간을 지연시키지 않는 범위 내에서 한 작업이 가질 수 있는 최대 여유 • 최초 개시일에 작업을 시작하여 가장 늦은 종료일에 완료할 때 생기는 여유일(그 작업의 LFT-그 작업의 EFT)
자유여유 (FF : Free Float)	FF	• 후속작업의 가장 빠른 개시시간(EST)에 영향을 주지 않는 범위 내에서 한 작업이 가질 수 있는 여유시간 • 최초 개시일에 작업을 시작하여 후속 작업을 최초 개시일에 시작하여도 생기는 여유일(후속 작업의 LFT-그 작업의 EFT)
독립여유 (DF : Dependent Float)	DF	• 후속작업의 토탈 플로트에 영향을 주는 플로트 (DF = TF − FF)
간섭여유, 종속여유 (IF : Interfering Float)	IF	• 후속작업의 가장 빠른 개시시간에는 지연을 초래하지만 전체적인 공사기간을 지연시키지 않는 범위에서 한 작업이 가질 수 있는 여유시간

(11) 품질관리(QC)를 위한 통계적 수법(7가지 도구) ✖✖

① 파레토도(파레토그램) : 불량품, 결점, 고장 등의 발생건수를 현상과 원인별로 분류하고 여러 가지 데이터를 항목별로 분류해서 문제의 크기 순서로 나열하여 그 크기를 막대그래프로 나타낸다.
② 특성요인도 : 특성과 요인의 관계를 어골(물고기 뼈)상으로 표현하여 결과에 원인이 어떻게 관계되고 있는가를 알아보기 위하여 작성하는 것이다.
③ 체크시트(집중도) : 불량 수, 결점 수 등 셀 수 있는 데이터가 분류항목별로 어디에 집중되어 있는가를 알기 쉽도록 나타낸 그림을 말한다.
④ 히스토그램(분포도) : 데이터가 존재하는 범위를 몇 개의 구간으로 나누고 각 구간에 들어가는 데이터의 빈도 수를 체크하여 그 크기를 막대그래프로 작성한다.
⑤ 산포도(산점도) : 서로 대응되는 두 개의 짝으로 된 데이터를 그래프용지에 점으로 나타낸 것으로 데이터의 흩어짐과 분포의 형태를 쉽게 판단할 수 있다.
⑥ 층별(부분집단도) : 수집된 데이터를 특징에 따라 몇 개 그룹으로 구분하여 품질에 영향을 주는 원인을 명확하게 찾아내고 그 원인이 품질에 미치는 정도를 파악할 수 있다.
⑦ 그래프(관리도) : 막대그래프, 꺾은선그래프, 원그래프, 띠그래프 등

제2장 토공사

(1) 용어정의

① 예민비 : 흙을 이김에 따라 강도가 약해지는 정도를 말한다. ✖

$$예민비 = \frac{자연\,시료의\,강도(불교란시료)}{이긴\,시료의\,강도(교란시료)}$$

② 소성한계 : 흙이 소성 상태에서 반고체 상태로 바뀔 때의 함수비를 말한다.
③ 액성한계 : 소성 상태와 액체 상태의 경계가 되는 함수비(소성 상태로부터 액성 상태로 변하는 순간의 함수비)를 말한다.

④ 소성지수 : 흙이 소성 상태로 존재할 수 있는 함수비 구간의 크기를 의미하며, 소성지수가 클수록 세립분을 포함하는 소성이 풍부한 흙이라 할 수 있다.
⑤ 흙의 함수율: 일정한 체적에서 흙 전체의 중량에 대한 간극수(물) 중량의 백분율을 의미한다. ✮

$$흙의 함수율(\%) = \frac{물의 중량}{흙 전체의 중량(토립자+물의 중량)} \times 100$$

(2) 토질주상도의 기입내용 ✮

① 지반조사 지역
② 조사일자
③ 조사자
④ 보링방법
⑤ 지하수위
⑥ 심도에 따른 색조 및 토질
⑦ 층 두께 및 구성 상태
⑧ N값

(3) 계측기 종류 및 용도 ✮

① 균열 측정기 (Crack-gauge)	주변 구조물, 지반 등에 균열발생시 균열크기와 변화를 정밀측정 확인
② 경사계 (Tilt-meter)	구조물의 경사각 및 변형상태를 계측
③ 지하 수위계 (Water levelmeter)	지하수위 변화를 실측하여 각종 계측자료에 이용
④ 지중 수평변위계 (Iclino-meter)	인접지반 수평변위량과 위치, 방향 및 크기를 실측하여 토류구조물 각 지점의 응력상태 판단
⑤ 토 압 계(Earth pressure-cell)	토압의 변화를 측정하여 이들 부재의 안정상태 확인
⑥ 변형률계 (Strain-gauge)	토류 구조물의 각 부재와 인근 구조물의 각 지점 및 타설 콘크리트 등의 응력변화를 측정

⑦ 하중계(load-cell)	스트럿(Strut) 또는 어스앵커(Earth anchor) 등의 축 하중 변화를 측정하는 기구
⑧ 지주 하중계 (Strut load-cell)	Strut의 축 하중 변화상태를 측정
⑨ 어스앙카 하중계 (Earth-anchorload-cell)	Earth Anchor의 축 하중 변화상태를 측정
⑩ 간극 수압계 (Piezometer)	굴착에 따른 과잉 간극수압의 변화를 측정
⑪ 층별 침하계 (Extensometer)	인접지층의 각 지층별 침하량의 변동상태를 확인
⑫ 지표 침하계 (Settlement Plate)	지표면의 침하량 절대치의 변화를 측정
⑬ 진동 소음측정기 (Sound levelmeter)	굴착, 발파 및 장비이동에 따른 진동과 소음을 측정

(4) 토공기계

1) 굴삭장비(굴착기계)

① 파워 셔블(power shovel, 동력삽)
  - 기계가 서 있는 지반면보다 높은 곳의 땅파기에 적합하다.

② 드래그 셔블(drag shovel, 백호)
  - 기계가 서 있는 지면보다 낮은 장소의 굴착 및 수중굴착이 가능하다
  - 굳은 지반의 토질도 정확한 굴착이 된다.

③ 드래그라인(drag line)
  - 기계가 서 있는 위치보다 낮은 장소의 굴착에 적당하고 굳은 토질에서의 굴착은 되지 않지만 굴착 반지름이 크다.
  - 작업범위가 광범위하고 수중굴착 및 연약한 지반의 굴착에 적합하다.

④ 클램셸(clamshell)
  - 수중굴착 및 가장 협소하고 깊은 굴착이 가능하며 호퍼(hopper)에 적당하다.
  - 연약지반이나 수중굴착 및 자갈 등을 싣는데 적합하다.

⑤ 트렌처(Trencher)
  - 일정한 폭의 구덩이를 연속으로 파며, 좁고 깊은 도랑 파기에 가장 적당한 토공장비이다.

2) 굴삭기계의 단위 작업시간당 시공량

$$Q(m^3/hr) = \frac{q \times k \times f \times E}{Cm(hr)} = \frac{60 \times q \times k \times f \times E}{Cm(\min)} = \frac{3600 \times q \times k \times f \times E}{Cm(\sec)}$$

Q : 단위시간당 작업량(m^3/hr)
q : 버킷용량(m^3)
k : 버킷계수
f : 굴삭토의 용적변화계수
E : 작업효율
Cm : 1회 사이클 시간

(5) 지반조사 방법

1) 베인(Vane) 테스트

   보링의 구멍을 이용하여 십자형 날개의 베인 테스트를 지반에 박고 회전시켜서 그 회전력에 의하여 점토의 점착력을 판별하는 방법을 말한다. (연약한 점토지반의 점착력 판별)

2) 표준관입 시험(Standard penetration test)

   ① 모래의 전단력은 모래의 밀도에 의하여 결정되고 불교란 시료를 채취하기 곤란하므로 현지에서 모래의 밀도 N값을 측정하는 시험이다.
   ② 63.5[kg]의 추를 75[cm]에서 자유 낙하시켜 표준샘플러를 관입량 30cm에 달하는데 요하는 타격횟수를 말하고 N의 값이 클수록 밀실한 토질이다.
   ③ N치의 추정 항목

사질토	점성토
① 상대밀도, 내부마찰각 ② 기초시반의 탄성침하 ③ 기초지반의 허용지지력 ④ 액상화 가능성 파악	① 전단강도, 일축압축강도 ② 기초지반의 허용지지력 ③ 연경도(Consistency)

3) 지내력 시험

   기초 저면까지 굴착한 후 실제 하중을 재하하여 지내력을 확인하는 시험방법을 말한다.

① 지내력시험은 재하를 예정기초 저면에서 행한다.
② 시험용 재하판은 $0.2[m^2]$(45[cm]각)를 표준으로 한다.
③ 매회 재하는 1[ton] 이하 또는 예정 파괴 하중의 1/5 이하로 한다.
④ 침하의 증가가 2시간에 0.1[mm] 비율 이하일 때 침하가 정지한 것으로 본다.
⑤ 단기하중에 대한 허용 지내력의 산정: 총 침하량이 20mm에 도달했을 때의 하중 또는 침하량이 20mm 이하더라도 침하곡선이 항복상태를 보일 때의 하중 중 작은 값을 기준으로 산정한다.
⑥ 장기하중에 대한 허용지내력은 단기하중 허용지내력의 1/2로 한다.
⑦ 가장 적합한 기초구조의 결정을 위해 실시한다.

4) 말뚝의 재하시험(간접 지내력 시험)

① 압축 재하시험
  - 동적 재하시험 : 시험말뚝에 변형률계(strain gauge)와 가속도계(accelerometer)를 부착하여 말뚝 항타에 의한 파형으로부터 지지력을 구하는 시험 (말뚝 두부를 햄머로 타격할 때 발생되는 압축파에 대한 정보를 수집해서 파일의 지지력을 추정한다.)
  - 정적 재하시험 : 말뚝에 실제 하중을 가하여 지지력을 측정하는 시험
② 인발 재하시험
③ 수평 재하시험

(6) 흙막이 및 흙파기 공법의 종류 ✿✿

1) 버팀대(Strut) 공법 ✿

① 버팀대공법은 굴착하고자 하는 부지의 외곽에 흙막이 벽을 설치하고 수평버팀대, 띠장 등으로 흙막이 벽을 지지하는 공법
② 수평 버팀대공법과 경사버팀대 공법이 있다.
③ 토질에 대해 영향을 적게 받는다.
④ 수평버팀대, 띠장 등의 가설구조물을 설치하므로 굴착, 토량제거 작업에 장애가 된다.(작업능률이 저하된다.)
⑤ 인근 대지로 공사범위가 넘어가지 않는다.
⑥ 강재를 전용함에 따라 재료비가 비교적 적게 든다.
⑦ 고저차가 크거나 상이한 구조인 경우 균형을 잡기 어렵다.

2) 아일랜드 공법

비탈면을 남기고 중앙부를 굴착해서 흙파기 한 후 중앙부 구조체를 먼저 설치하는 방식으로 중앙부 구조체가 설치되면 흙막이 벽체를 버팀대로 지지할 수 있다. ☆

3) 트렌치 컷 공법 ☆

① 이중 널말뚝을 건물의 주위에 박고 **주변부를 먼저 굴착하여 주변부 구조체 축조 후 이를 흙막이로 사용하면서 중앙부 파내어 지하구조물을 완성하는 공법**)
② 흙파기의 깊이가 얕고 면적이 넓은 경우(면적이 넓어 버팀대를 설치해도 변형이 우려될 경우)에 사용한다.

4) 어스 앵커(earth anchor) 공법 ☆☆

① 버팀대 대신 PS 강선, PS 강연선 등(earth anchor)을 지중에 삽입해서 선단부를 양질지반에 정착시키고, 이를 반력으로 하여 흙막이 벽 등의 구조물을 지지하는 공법
② 앵커체가 각각의 구조체이므로 적용성이 좋다.
③ 앵커에 프리스트레스를 주기 때문에 흙막이 벽의 변형을 방지하고 주변 지반의 침하를 최소한으로 억제할 수 있다.
④ 본 구조물의 바닥과 기둥의 위치에 관계없이 앵커를 설치할 수도 있다.
⑤ 패커(Packer)는 Earth Anchor 시공에서 정착부를 그라우팅할 때 인장부로 침투하지 않도록 밀봉하는 역할을 한다.

5) 역타 공법(탑 다운공법 : Top-Down) ☆☆

① Top Down 공법은 「위에서 아래로」 공사를 진행하는 공법으로 철골 기둥을 박고 1층에서 지하층을 향해 콘크리트를 부어 넣어 흙막이로 하면서 지하층을 굴착하는 방법이다.
② 굴토작업이 슬래브 하부에서 진행되므로 작업 능률 및 작업환경이 저하되고 공사비가 상승한다.
③ 건물의 지하 구조체에 시공이음이 많아 건물방수에 대한 우려가 크다.
④ 지상과 지하를 동시에 시공할 수 있으므로 공기를 절감할 수 있다.

6) 슬러리월 공법(지하연속벽 공법) ☆☆

① 벤토나이트 안정액을 사용하여 지반의 붕괴를 방지하면서 굴착한 후 그 속에 철근망 삽입하고 콘크리트를 타설하여 흙막이 벽체를 형성하는 공법을 말한다.

② 흙막이 벽 자체의 강도, 강성이 우수하기 때문에 연약지반의 변형 및 이면침하를 최소한으로 억제할 수 있다.
③ 차수성이 좋아 지하수가 많은 지반에도 사용할 수 있다.
④ 시공 시 소음, 진동이 작다.
⑤ 인접건물 경계선까지 시공이 가능하다.
⑥ 암반을 포함한 대부분의 지반에 시공이 가능하다.
⑦ 시공순서

가이드 월(안내 벽) 설치 → 안정액 투입 → 굴착 → 슬라임 제거 → **인터록킹 파이프 설치** → 지상조립 철근(철근망) 삽입 → 트레미관 설치 → 콘크리트 타설 및 안정액 회수 → 인터로킹파이프 제거 → 콘크리트 양생 → 가이드 월 제거

7) 케이슨공법(caisson method) ✦
① 건조물의 기초부분을 만들기 위한 공법으로 잠함공법이라고도 한다.
② 기초가 될 케이슨(큰 상자)을 만들고, 그 속의 토사(土砂)를 굴착하면서 케이슨을 가라앉혀 기초를 만든다.
③ 잠함공법의 종류

개방잠함 공법 (Open caisson method)	① 지하 구조체를 지상에서 구축하여 하부 중앙 흙을 파내어 구조체를 자중으로 침하시키는 공법을 말한다.(굴착하여 가라앉히기 위해 크고 무거운 하중이 필요하다.) ② 지하수가 많은 지반에서는 침하가 잘 되지 않는다. ③ 펌프에 의한 수잠(水潛)굴착과 수중 굴착기에 의한 수중굴착이 있다. ④ 압축공기를 사용하지 않는다. ⑤ 부지를 최대한 이용할 수 있다.
뉴매틱 케이슨 공법 (new matic caisson foundation method)	① 공기 잠함공법이라고도 하며, 잠함 속에 작업실을 만들고 그 속에 압축공기를 보내서 물을 배제하여 대기압과 같은 상태에서 노동자가 들어가서 굴착하는 공법이다. ② 케이슨의 작업실에 압축공기를 넣어 수압을 유지시키고 내부의 밑을 파서 자중에 의해 침하시킨다. ③ 솟는 물이 많거나, 해저(海底) 기초 등에 사용된다.

(7) 연약 지반 및 주변지반 침하 원인

1) 히빙(Heaving)현상
연질점토 지반에서 굴착에 의한 흙막이 내·외면의 흙의 중량 차이(토압 차이)로 인해 굴착저면이 부풀어 올라오는 현상을 말한다.(흙막이 바깥 흙이 안으로 밀려든다.) ✯

2) 보일링(Boiling)현상
사질토 지반에서 굴착저면과 흙막이 배면과의 수위차이로 인해 굴착저면의 흙과 물이 함께 위로 솟구쳐 오르는 현상(모래의 액상화 현상)을 말한다. (모래가 액상화되어 솟아오른다.) ✯

3) 액상화 현상
느슨하고 포화된 모래지반이 진동, 지진 등의 동하중을 받는 경우 입자들이 재배열되어 모래가 물처럼 거동하게 되는 현상(부피가 감소되어 간극수압이 상승하여 유효응력이 감소)을 말한다. ✯

4) 파이핑(Piping)현상
보일링(Boiling) 현상으로 인하여 지반 내에서 물의 통로가 생기면서 흙이 세굴되는 현상을 말한다.

5) 압밀침하현상
외력에 의해 간극 내 물이 빠지며 흙의 입자가 좁아지며 침하되는 현상을 말한다.

(8) 지반개량 공법

1) 동 다짐(Dynamic Compaction)공법
강재 및 콘크리트 등으로 제작한 추를 반복 낙하시켜서 지반의 다짐효과를 얻는 공법을 말한다.

2) 치환공법
연약지반을 양질의 재료로 치환하는 방법을 말한다.

3) 고결공법

지반을 구성하는 토립자 사이를 고결(일체화)시켜 지반을 개량하는 방법을 말한다.

① 응결공법(시멘트 처리공법, 석회처리공법, 심층혼합처리공법), 주입공법(약액주입공법, 시멘트주입공법), 동결공법, 소결공법

② 그라우팅 공법(grouting method), 약액주입공법: 지반 내부의 공극에 시멘트 페이스트 또는 교질규산염이 생기는 약액 등을 주입하여 흙의 투수성을 저하시키는 공법을 말한다.

4) 강제(强制)압밀공법

① 재하방법: 성토 공법, 지하수위 저하 공법, 대기압 공법(진공공법), 선행재하(Pre-loading) 공법

② 드레인 방법: 샌드(sand) 드레인 공법, 페이퍼 드레인 공법, 플라스틱(plastic) 드레인 공법

5) 재하공법

연약지반에 미리 하중을 가하여 흙을 압밀시키는 공법을 말한다.

6) 강제 배수공법

진공에 의해 물을 강제적으로 모아 배수하는 공법을 말한다. ✍

집수정(sump pit)공법	집수정(Sump Pit)에 집수된 지하수를 Pump로 강제 배수하는 공법을 말한다.
깊은 우물(deep well)공법	깊이 7m 정도의 우물을 파고 이곳에 수중 모터펌프를 설치하여 지하수를 양수하는 배수공법으로 지하 용수량이 많고 투수성이 큰 사질지반에 적합하다.
웰 포인트(well point)공법	① 집수장치를 붙인 파이프를 1~3m의 간격으로 지중에 박아 이것을 지상의 집수관에 연결하여 펌프로 지중의 물을 배수하는 공법을 말한다.(출수가 많은 깊은 터파기에 펌프와 병용하여 사용한다.) ② 사질토나 투수성이 좋은 지반에 사용한다.(투수성이 비교적 낮은 사질 실트 층까지도 배수가 가능하다.) ③ 웰 포인트 공법은 진공에 의해 물을 강제적으로 모아서 배수하는 강제배수 공법에 해당한다. ④ 흙의 안전성을 대폭 향상시킨다. ⑤ 인접지반의 침하를 일으키는 경우가 있다.

샌드 드레인 (sand drain)공법	철관을 박고 그 속에 모래를 다져 넣어 하중을 가해 수분을 배출시키는 공법을 말한다.
전기 침투 공법 (Electro osmosis method)	전기 침투에 의해 간극수를 모아(지반에 전류를 흐르게 하면 물이 (+)에서 (-)으로 흐르게 된다.) 모인 물을 배수하는 공법을 말한다.
페이퍼(플라스틱) 드레인 공법	연약지반에 합성수지로 된 페이퍼를 땅 속에 박아 압밀을 촉진시키는 공법을 말한다.

7) 언더피닝(Under Pining)공법 ✯

기존건물 가까이에서 건축공사를 할 때 인접건물의 지반과 기초를 보강하는 공법을 말한다.

제3장 기초공사

(1) 강제 널말뚝(steel sheet pile) ✯

① 강제 널말뚝에는 U형, Z형, H형, 박스형 등이 있다.
② 타입 시에는 지반의 체적변형이 작아 항타가 쉽고 이음부를 볼트나 용접접합에 의해서 말뚝의 길이를 자유로이 늘일 수 있다.
③ 강재말뚝은 콘크리트 말뚝보다 두께가 작아서 중량이 가볍고, 운반 및 취급이 용이하다.
④ 도심지에서는 소음, 진동 때문에 무진동 유압장비에 의해 실시해야 한다.

장점	단점
① 차수성이 좋다.(적당한 보호처리를 하면 물 위나 아래에서 수명이 길다.) ② 타입이 용이하고 시공이 쉽다. ③ 재사용이 가능하다. ④ 상부구조물과의 결합이 용이하다. ⑤ 자재의 이음 부위가 안전하여 소요길이의 조정이 자유롭다.	① 타 공법보다 벽체의 강성이 작아 휨이 크다. ② 암반, 전 석층에는 타입이 곤란하다. ③ 타입 시 소음, 진동이 크다. ④ 관입, 철거 시 주변 지반침하가 일어날 수 있다. ⑤ 지중에서의 부식 우려가 높다.

(2) 기성콘크리트 말뚝

① 공장에서 제작한 후에 설치장소로 옮겨서 선행 보링한 공간에 삽입하여 설치하는 말뚝을 말한다.
② 재료가 균질하여 신뢰할 수 있다.
③ 말뚝이음 부위에 대한 신뢰성이 떨어진다.
④ 자재하중이 크므로 운반과 시공에 각별한 주의가 필요하다.
⑤ 시공과정상의 항타로 인하여 자재균열의 우려가 높다.
⑥ 말뚝의 연직도나 경사도는 1/50 이내로 하고, 말뚝박기 후 평면상의 위치가 설계도면의 위치로부터 D/4(D는말뚝의 바깥 지름)와 100mm 중 큰 값 이상으로 벗어나지 않아야 한다. ✬

(3) 제자리 콘크리트 말뚝(현장타설 콘크리트말뚝 공법) ✬

컴프레솔 말뚝	지중에 중추(重錘)를 낙하시켜 세로 구멍을 파고 그 속에 콘크리트를 주입하여 형성하는 말뚝이다.
심플렉스 말뚝	철관을 지중에 박고 내부에 콘크리트를 주입하며 강관을 뽑아내어 말뚝을 형성한다.
레이먼드 말뚝	이중철관을 박고 내관을 뽑은 다음 외관에 콘크리트를 주입하여 말뚝을 형성한다.
프랭키 말뚝	강관을 중추(重錘)로 박고 내부에 콘크리트를 다져 주입한 후 철관을 뽑아낸다.
페디스털 말뚝	이중 강관을 박고 구근용(球根用) 콘크리트를 주입하며 내관으로 타격을 가하여 구근을 형성시킨 후에 콘크리트를 주입하고 외관을 뽑아낸다.
베노토 공법 ✬✬	① 프랑스의 베노토사가 개발한 대구경고속천공굴착기를 사용한 공법으로 큰 구경의 천공기를 이용하여 대구경의 구멍을 지중에 뚫은 후 콘크리트를 구멍 속에 충전하여 말뚝을 형성한다. ② 케이싱을 지반에 압입해 가면서 관 내부 토사를 특수버킷으로 굴착, 배토한다. ③ 말뚝구멍의 굴착 후에는 철근콘크리트 말뚝을 제자리치기 한다. ④ 여러 지질에 안전하고 정확하게 시공할 수 있다. ⑤ 기계가 고가이고 굴착속도가 느리다.

리버스 서큘레이션공법 (역순환 굴착공법, RCD공법) ☆☆	① 리버스 서큘레이션 드릴로 대구경의 구멍을 파고 굴착공 안을 물이나 안정액으로 정수압을 유지하여 굴착공 벽을 보호하면서 굴착, 철근망과 콘크리트를 타설하여 말뚝을 형성하는 공법이다. ② 굴착된 토사와 안정액이 밖으로 배출되고, 배출된 순환수는 토사를 침전시킨 후 다시 굴착공으로 들어가는 방식이다. ③ 수상(해상)작업이 가능하다. ④ 점토, 실트 층에 사용할 수 있으며, 드릴파이프 직경보다 큰 호박돌 층, 전 석 층은 굴착이 불가능하다. ⑤ 깊은 심도까지 굴착이 가능하다. ⑥ 시공속도가 빠르고, 유지비가 적게 든다.
프리팩트 파일 (Prepacked pile) ☆	① CIP 말뚝(Cast In Place Pile) : 말뚝 구멍을 굴착한 후 철근을 조립하고 모르타르 주입관을 삽입한 다음 자갈을 충전한 후 모르타르를 주입하는 공법이다. ② PIP 말뚝(Packed In Place Pile): 소정의 깊이까지 뚫은 다음 흙과 오거를 함께 끌어올리면서 오거 중심간의 선단을 통하여 모르타르, 잔자갈, 콘크리트를 주입하여 말뚝을 형성하는 공법이다. ③ MIP 말뚝(Mixed In Place Pile): 파이프 선단에 커터를 장치하여 흙을 뒤섞으며 지중으로 파들어 간 다음 파이프 선단에서 모르타르를 분출시켜 흙과 모르타르를 혼합하면서 파이프를 빼내는 소일 콘크리트(soil concrete) 말뚝을 형성하는 공법이다.
어스드릴공법 ☆☆	① 굴착 공에 철근망을 삽입하고 콘크리트를 타설하여 말뚝을 형성하는 공법이며, 안정액으로 벤토나이트 용액을 사용하여 공벽을 보호한다. ② 장비가 소형으로 좁은 장소에도 시공이 가능하며, 안정액 관리가 어렵고, 연질지반에 적합하다. | 장점 | 단점 | |---|---| | ① 좁은 장소에도 시공이 가능하다. ② 진동소음이 적은 편이다. ③ 기계가 비교적 소형으로 굴착속도가 빠르다. | ① 안정액 관리가 어렵다. ② Slime 처리가 불확실하여 말뚝의 초기 침하 우려가 있다. |

제4장 철근콘크리트 공사

(1) 골재선정 시의 유의사항

① 콘크리트나 모르타르를 만들 때에 물, 시멘트와 함께 혼합하는 모래, 자갈 및 부순 돌 기타 유사한 재료를 골재라고 한다.
② 골재는 청정, 견경, 내구성 및 내화성이 있어야 한다.
③ 골재는 견고하고, 밀도가 크고, 내구성이 커서 풍화가 잘 되지 않아야 한다.
④ 골재에 포함된 부식토, 석탄 등의 유기물은 콘크리트의 경화를 방해하여 콘크리트 강도를 떨어뜨리게 한다. ✭
⑤ 실트, 점토, 운모 등의 미립분이 골재 표면에 부착되어 있을 경우 골재 입자와 시멘트 풀과의 부착을 방해한다. ✭
⑥ 골재의 강도는 콘크리트 중에 경화한 모르타르의 강도 이상이 요구된다. ✭
⑦ 콘크리트 중 골재가 차지하는 용적은 절대용적으로 65 ~ 80%(용적비로 대략 70% 정도)를 넘지 않도록 한다. ✭
⑧ 골재는 잔·굵은 입자가 분리되지 않도록 취급하고, 물 빠짐이 좋은 장소에 저장한다.
⑨ 굵은 골재의 최대 치수

일반적인 경우	20mm 또는 25mm
단면이 큰 경우	40mm
무근콘크리트	40mm(부재 최소 치수의 1/4을 초과해서는 안 됨)

(2) 경량골재

1) 콘크리트 중량을 경감할 목적으로 사용되는 보통 골재보다 비중이 작은 골재를 말한다.

2) 서머콘(thermo-con)

콘크리트 제작 시 골재는 전혀 사용하지 않고 물, 시멘트, 발포제만으로 만든 경량 콘크리트를 말한다. ✭

3) 퍼라이트

진주암을 급격히 가열하여 공극을 많게 한 초경량골재로 내부에 미세공극을 갖는 작고 가벼운 입자로 구성되어 단열재로 많이 사용된다. ✭

(3) 포틀랜드 시멘트의 종류 ✭

① 조강포틀랜드 시멘트
② 저열포틀랜드 시멘트
③ 중용열 포틀랜드 시멘트

(4) 콘크리트 타설 시의 주의사항

① 콘크리트의 타설 작업을 할 때에는 철근 및 매설물의 배치나 거푸집이 변형 및 손상되지 않도록 주의하여야 한다.
② 타설한 콘크리트를 거푸집 안에서 횡 방향으로 이동시켜서는 안 된다. ✭
③ 타설 도중에 심한 재료 분리가 발생할 위험이 있는 경우에는 재료분리를 방지할 방법을 강구하여야 한다.
④ 한 구획 내의 콘크리트는 타설이 완료될 때까지 연속해서 타설하여야 한다. ✭
⑤ 콘크리트는 그 표면이 한 구획 내에서는 거의 수평이 되도록 타설하는 것을 원칙으로 한다.
⑥ 콘크리트 타설의 1층 높이는 다짐능력을 고려하여 결정하여야 한다.
⑦ 콘크리트를 2층 이상으로 나누어 타설할 경우, 상층의 콘크리트 타설은 원칙적으로 하층의 콘크리트가 굳기 시작하기 전에 해야 하며, 상층과 하층이 일체가 되도록 시공한다. ✭
⑧ 콜드조인트가 발생하지 않도록 하나의 시공구획의 면적, 콘크리트의 공급능력, 이어치기 허용시간간격 등을 정하여야 한다.

[허용 이어치기 시간간격의 표준] ✭

외기온도	허용 이어치기 시간간격
25℃ 초과	2.0시간
25℃ 이하	2.5시간

* 허용 이어치기 시간간격은 하층 콘크리트 비비기 시작에서부터 콘크리트 타설 완료한 후, 상층 콘크리트가 타설되기까지의 시간

⑨ 거푸집의 높이가 높을 경우, 재료 분리를 막고 상부의 철근 또는 거푸집에 콘크리트가 부착하여 경화하는 것을 방지하기 위해 거푸집에 투입구를 설치하거나, 연직슈트 또는 펌프배관의 배출구를 타설면 가까운 곳까지 내려서 콘크리트를 타설하여야 한다. 이 경우 슈트, 펌프배관, 버킷, 호퍼 등의 **배출구와 타설 면까지의 높이는 1.5 m 이하를 원칙으로 한다.**(자유낙하 높이를 작게 하며, 콘크리트를 수직으로 낙하한다.)
⑩ 콘크리트 타설 도중 표면에 떠올라 고인 **블리딩 수가 있을 경우에는 이를 제거한 후 타설**하여야 하며, 고인 물을 제거하기 위하여 콘크리트 표면에 홈을 만들어 흐르게 해서는 안 된다.
⑪ 벽 또는 기둥과 같이 높이가 높은 콘크리트를 연속해서 타설할 경우에는 타설 및 다질 때 재료 분리가 될 수 있는 대로 적게 되도록 콘크리트의 반죽질기 및 타설 속도를 조정하여야 한다.
⑫ 강우, 강설 등이 콘크리트의 품질에 유해한 영향을 미칠 우려가 있는 경우에는 필요한 조치를 정하여 책임기술자의 검토 및 확인을 받아야 한다.
⑬ 콘크리트 타설은 기초 → 기둥 → 벽 → 계단 → 보 → 바닥 순서로 한다.
⑭ 콘크리트 타설은 운반거리가 먼 곳부터 시작한다.
⑮ 콘크리트가 닿았을 때 흡수할 우려가 있는 곳은 미리 습하게 해두어야 하며, 이때 물이 고이지 않도록 주의하여야 한다.
⑯ 거푸집, 철근에 콘크리트를 충돌시키지 않는다.

(5) 콘크리트 다짐 시 진동기의 사용

① 진동다지기를 할 때에는 내부진동기를 하층의 콘크리트 속으로 0.1m(10cm) 정도 삽입하여 상하층 콘크리트를 일체화 시킨다.
② 1개소 당 진동시간은 다짐할 때 시멘트풀이 표면 상부로 약간 부상하기까지가 적절하다.
③ 내부진동기는 콘크리트로부터 천천히 **빼내어 구멍이 남지 않도록** 한다.
④ 내부진동기는 **콘크리트를 횡 방향으로 이동시킬 목적으로 사용해서는 안 된다.**
⑤ 진동기는 가능한 **연직방향**으로 찔러 넣는다.
⑥ 철근 또는 거푸집에 직접 진동을 주지 않고 경화가 시작된 콘크리트에 진동을 주어서는 안 된다.

(6) 콘크리트 타설 시 진동기를 사용하는 목적 ✮

콘크리트를 거푸집 구석구석까지 충진시키고 밀실한 콘크리트를 얻기 위함이다.
(콘크리트의 밀실화 유지)

(7) 콘크리트의 종류 및 특성

1) 한중 콘크리트

1일 평균기온 4℃ 이하가 되는 시기에 타설하는 콘크리트를 말한다. ✮
① 콘크리트의 비빔온도는 기상조건 및 시공조건 등을 고려하여 정한다.
② 재료를 가열할 경우 물 또는 골재를 가열하는 것으로 하며, 골재는 직접 불꽃에 대어 가열해서는 안 되고, 시멘트는 어떠한 경우라도 직접 가열하면 안 된다.
③ 타설 시의 콘크리트 온도는 5℃ 이상, 20℃ 미만으로 한다.
④ 빙설이 혼입된 골재, 동결상태의 골재는 원칙적으로 비빔에 사용하지 않는다.

2) 서중 콘크리트

기온이 30[℃] 이상인 상태에서 시공하는 콘크리트이다.
① 콘크리트의 슬럼프 저하 및 수분의 급격한 증발 등에 의한 균열발생의 위험이 있다.
② 콘크리트의 온도가 낮아지도록 재료의 배합, 타설, 양생에 주의를 기울여야 한다.
③ 고로시멘트, 플라이애쉬시멘트 등 저발열 시멘트를 사용한다.
④ 단위 수량 및 시멘트량을 적게하여 수화열을 적게 한다.
⑤ 감수제, AE감수제, 유동화제 등을 사용한다.
⑥ 타설시 온도는 35℃ 이하, 1.5시간 이내로 타설한다.
⑦ Pre-cooling에 의한 골재, 물 등의 재료를 냉각한다.
⑧ 거푸집, 철근 등은 살수 및 덮개 등의 조치를 강구한다.

3) 경량 콘크리트의 종류 ✮

① 신더 콘크리트
② 톱밥 콘크리트
③ 다공질 콘크리트
④ 경량기포 콘크리트

4) 경량기포 콘크리트(ALC : Auto claved light weight concrete) ✈

화산재, 발포제품을 넣고 인공적으로 기포를 발생시켜 단위중량을 감소시킨 콘크리트를 말한다.

① 열전도율이 보통 콘크리트의 1/10 정도이다.
② 경량으로 인력에 의한 취급이 가능하다.
③ 흡수성이 크고 표면마모가 쉽고 강도가 크지 않다.
④ 현장에서 절단 및 가공이 용이하다.
⑤ 건조수축률이 작으므로 균열 발생이 적다.

5) 매스 콘크리트

구조물의 치수가 커서 시멘트 수화열에 의한 온도상승 및 강하를 고려하여 설계, 시공해야 하는 콘크리트를 말한다. ✈

① 매스 콘크리트의 타설 온도는 온도균열을 제어하기 위한 관점에서 가능한 한 낮게 한다.
② 매스 콘크리트 타설 시 기온이 높을 경우에는 콜드조인트가 생기기 쉬우므로 응결지연제를 사용한다.
③ 매스 콘크리트 타설 시 침하발생으로 인한 침하균열을 예방하기 위해 재 진동 다짐 등을 실시한다.
④ 매스 콘크리트 타설 후 거푸집 탈형 시 콘크리트 표면의 급랭을 방지하기 위해 콘크리트 표면을 소정의 기간 동안 보온해 주어야 한다.

6) 매스 콘크리트의 균열을 방지 또는 감소시키기 위한 대책 ✈

① 플라이애쉬 등 포졸란계 혼화재를 사용하거나 저발열성 시멘트를 사용한다.
② 골재 최대 치수를 크게 하고 슬럼프 값은 최대한 적게 하여 시멘트 양을 줄이다.
③ 콘크리트의 온도 상승을 적게 한다.(파이프 쿨링을 실시한다.)
④ 급격한 온도 변화를 피한다.
⑤ 온도균열지수에 의한 균열 발생을 검토한다.

7) 유동화 콘크리트

미리 비벼낸 단위수량이 적은 콘크리트에 유동화재를 혼합하여 된비빔 콘크리트의 품질을 유지한 채 일시적으로 유동성을 증대시킨 콘크리트를 말한다.

8) 유동화 콘크리트의 슬럼프 ✯

콘크리트의 종류	베이스 콘크리트	유동화 콘크리트
보통 콘크리트	150mm 이하	210mm 이하
경량골재 콘크리트	180mm 이하	210mm 이하

9) 제치장 콘크리트(exposed concrete)

콘크리트 타설 후 거푸집을 제거한 콘크리트 표면 상태 그대로를 노출시켜 마감면으로 하는 콘크리트를 말한다. ✯
① 타설 콘크리트면 자체가 치장이 되게 마무리한 자연 그대로의 콘크리트를 말한다.
② 재료의 절약은 물론 구조물 자중을 경감할 수 있다.
③ 구조물에 균열과 이로 인한 백화가 나타난 경우 재시공 및 보수가 어렵다.
④ 거푸집이 견고하고 흠이 없도록 정확성을 기해야 하기 때문에 상당한 비용과 노력비가 증대한다.

10) 레디믹스트 콘크리트(ready mixed concrete) : 미리 비벼진 콘크리트
① 콘크리트 제조 공장에서 시멘트, 골재(모래, 자갈), 물, 혼화제 등의 재료를 비벼 제조한 후 믹서트럭(Mixer Truck)을 이용하여 공사현장까지 운반되는 굳지 않는 콘크리트를 말한다.
② 외기온도가 30℃ 이상 또는 0℃ 이하 시에는 레디믹스트 콘크리트 운반 차량에 특수 보온시설을 하여야 한다. ✯

11) 프리플레이스트 콘크리트

콘크리트 타설할 거푸집 안에 굵은 골재를 미리 채워 넣은(Pre-packing) 후 모르타르를 주입한 콘크리트를 말한다.

(8) 기타 콘크리트의 성질

1) 물 - 시멘트비

혼합된 재료 중의 물과 시멘트의 중량비를 말한다.

$$물시멘트비(\%) = \frac{물의 중량}{시멘트의 중량} \times 100$$

2) 콘크리트의 수화작용 및 워커빌리티 ✖

① 시멘트의 분말도가 클수록 수화작용이 **빠르다**.
② 단위수량을 증가시킬수록 재료분리가 증가하여 워커빌리티가 저하된다.
③ 비빔시간이 길어질수록 수화작용을 촉진시켜 워커빌리티가 저하된다.
④ **쇄석**의 사용은 워커빌리티를 저하시킨다.

3) 콘크리트의 크리프(Creep)

일정한 하중을 받고 있던 콘크리트가 하중의 증가 없이 시간이 경과함에 따라 콘크리트의 변형이 증가하는 현상을 말한다. ✖

① 재령(콘크리트를 타설한 뒤로부터의 경과 일수)이 **짧을수록** 증가한다.
② 부재의 단면치수가 작을수록 증가한다.
③ 외부습도가 낮을수록 증가한다.
④ 대기온도가 높을수록 증가한다.
⑤ 배합이 적절치 않고 물시멘트비가 클수록 증가한다.
⑥ **단위 시멘트량이 많을수록** 증가한다.
⑦ 재하시기(하중을 가하는 시기)가 **빠를** 경우 증가한다.

4) 블리딩(bleeding) ✖

① 블리딩이란 굳지 않은 콘크리트, 모르타르 등에서 물이 분리, 상승하는 현상을 말한다.
② 블리딩 현상이 심한 경우 철근과 콘크리트의 부착력 저하, 수밀성 저하로 콘크리트의 강도 및 내구성이 감소되고 탄산화가 촉진된다.

5) 레이턴스(Laitance)

콘크리트 타설 후 블리딩 현상으로 인하여 콘크리트 표면에 물과 함께 떠오르는 미세한 물질을 말한다. ✖

6) 콜드 조인트 ✖

① 휴식시간 등으로 응결하기 시작한 콘크리트에 새로운 콘크리트를 이어칠 때 **일체화가 저해되어 생기는 줄눈(이음부)**을 말한다.
② 경화 후 누수의 원인이 되고 철근의 녹 발생 등 내구성에 손상을 일으킨다.

(9) 콘크리트 구조물의 비파괴시험(검사) 방법 ✂

① 슈미트해머법(반발경도법) : 경화된 콘크리트 표면을 타격하여 반발경도를 측정하는 방법
② 초음파법 : 초음파를 이용하여 콘크리트의 압축강도, 내부결함, 균열깊이 등을 측정하는 방법
③ 방사선법 : 엑스선, 감마선 등 방사선을 투과하여 내부결함, 콘크리트 밀실도 등을 측정하는 방법
④ 인발법 : 매입한 볼트의 인발내력으로 콘크리트의 압축강도를 측정하는 방법
⑤ 진동법 : 콘크리트 공시체에 진동을 주어 그때의 공명, 진동으로 콘크리트의 탄성계수를 측정하는 방법

(10) 철근의 조립 순서 ✂

① 철근 콘크리트 : 거푸집 조립 순서에 맞추어 조립한다.
  기둥 → 벽 → 보 → 슬래브(바닥) → 계단
② 철골철근 콘크리트: 철골의 조립 및 리벳치기가 완료된 부분부터 철근을 조립한다.
  기둥 → 보 → 벽 → 슬래브(바닥) → 계단

(11) 철골부재 절단 방법

① 가스절단
② 전단절단
③ 톱절단 : 가장 정밀한 절단방법으로 앵글커터(angle cutter) 등으로 절단한다. ✂
④ 전기절단

(12) 강재의 절단 방법 ✂

① 기계 절단법
② 가스 절단법
③ 프라즈마 절단법

(13) 철근의 조립

① 철근이 바른 위치를 확보할 수 있도록 결속선으로 결속하여야 한다.
② 철근을 조립한 다음 장기간 경과한 경우에는 콘크리트의 타설 전에 다시 조립 검사를 하고 청소하여야 한다.
③ 경미한 황갈색의 녹이 발생한 철근은 콘크리트와의 부착을 해치지 않으므로 사용해도 좋다.
④ 철근의 피복두께를 정확하게 확보하기 위해 적절한 간격으로 고임재 및 간격재를 배치하여야 한다.
⑤ 거푸집에 접하는 고임재 및 간격재는 콘크리트 제품 또는 모르타르 제품을 사용하여야 한다.

(14) 철근콘크리트의 부재별 철근의 정착 위치 ✯

① 기둥의 주근은 기초 또는 바닥판에 정착한다.
② 바닥철근은 보, 벽체에 정착한다.
③ 벽 철근은 기둥, 보, 바닥판에 정착한다.
④ 큰 보의 주근은 기둥에 정착하고, 작은 보의 주근은 큰 보에 정착한다.
⑤ 보 밑 기둥이 없을 때에는 보 상호간에 정착한다.
⑥ 지중 보의 주근은 기초 또는 기둥에 정착한다.

(15) 철근의 정착 길이

① 큰 인장력을 받는 곳의 정착 길이는 철근 지름의 40배 이상, 압축철근 및 작은 인장력을 받는 곳의 정착 길이는 철근 지름의 25배 이상으로 한다.
② 정착 길이는 후크(hook) 중심 간의 거리로 하며, 후크의 길이는 정착 길이에 포함하지 않는다.
③ 철근의 정착은 기둥이나 보의 중심을 벗어난 위치에 둔다.

(16) 철근 이음 시 유의사항 ✯

① D35를 초과하는 철근은 겹침 이음을 할 수 없다. 다만, 서로 다른 크기의 철근을 압축부에서 겹침 이음하는 경우 D35 이하의 철근과 D35를 초과하는 철근은 겹침 이음을 할 수 있다.

② 장래의 이음에 대비하여 구조물로부터 노출시켜 놓은 철근은 손상이나 부식을 받지 않도록 보호하여야 한다.

(17) 철근콘크리트 부재의 피복두께를 확보하는 목적 ✈

① **부착력 확보** : 철근의 부착강도 확보
② **내화성 확보** : 화재 시에 고열로부터 철근 보호
③ **철근의 방청**(철근의 부식방지로 내구성 확보): 물과 이산화탄소의 침투를 방지하여 부식 방지
④ **콘크리트의 유동성 확보** : 콘크리트 타설 시 유동성으로 밀실하게 충전
⑤ 내구성 확보
⑥ 구조내력의 확보

(18) 철재의 표면 부식방지 처리법 ✈

① 유성페인트, 광명단을 도포
② 시멘트 모르타르로 피복
③ 아스팔트, 콜타르를 도포
④ 마그네시아 시멘트는 철재를 녹슬게 하므로 부식방지 처리법으로 적합하지 않다.

(19) 염해방지 대책 ✈

① 콘크리트 중의 염소 이온량을 적게 한다.
② 에폭시 수지 도장 철근을 사용한다.
③ 방청제 투입을 고려한다.
④ 물 - 시멘트비를 작게 한다.
⑤ 철근 피복두께를 충분히 확보한다.
⑥ 수밀콘크리트를 만들고 콜드조인트가 없게 시공한다.

(20) 거푸집의 시공 목적(거푸집이 콘크리트 구조체의 품질에 미치는 영향과 역할)

① 콘크리트가 응결하기까지의 형상, 치수의 확보
② 콘크리트 수화반응의 원활한 진행을 보조(콘크리트의 수분 누출 방지)
③ 철근의 피복두께 확보
④ 양생을 위한 외기의 영향 방지

(21) 거푸집 동바리의 설계하중 ✭

1) 연직하중 = 고정하중 + 작업하중 + 적설하중
   ① 고정하중 : 콘크리트 무게 + 거푸집 무게
   ② 작업하중 : 작업원 + 장비하중 + 시공하중 + 충격하중
2) 콘크리트 측압
3) 풍하중
4) 수평하중

(22) 거푸집의 부속자재

1) 긴결재(긴장재)

   콘크리트의 측압을 부담하여 거푸집널이 벌어지거나 우그러들지 않도록 거푸집의 정확한 위치와 치수를 유지하기 위해 사용된다. ✭

2) 긴결재의 종류
   ① 폼타이(Form tie)
   ② 플랫타이(Flat tie)
   ③ 철선(Steel wire)
   ④ 컬럼밴드(Column band)
   ⑤ 와이어로프(Wire rope) 및 턴버클(Turn Buckle)

3) 격리재(separator) ✦

거푸집 상호간의 간격을 일정하게 유지하는데 사용된다.

4) 박리제(Form oil)

거푸집과 콘크리트의 부착력을 감소시켜 거푸집널의 탈형을 쉽게하기 위하여 칠하는 약제(거푸집 도포제)를 말한다.

5) 간격재(spacer) ✦

철근과 거푸집의 간격을 일정하게 유지하여 피복두께 확보를 도와주는 부재를 말한다.

6) 고임재(chair)

수평으로 배치된 철근 혹은 프리스트레스용 강재, 쉬스 등을 정확한 위치에 고정하기 위하여 사용하는 콘크리트제, 모르타르제, 금속제, 플라스틱제의 부품을 말한다.

(23) 거푸집의 종류 및 특징

1) 슬라이딩 폼(sliding form) ✦✦
   ① 시공이음 없이 거푸집을 요크(yoke)로 연속적으로 끌어올려 단면형상에 변화가 없는 공법으로 silo 공사 등에 적당하다.(일반적으로 돌출물이 없는 건축물에 적용할 수 있다.)
   ② 1일 5~10m 정도 수직시공이 가능하므로 시공속도가 빠르다.
   ③ 타설작업과 마감작업이 동시에 진행되어 공정이 단순하다.
   ④ 구조물 형태에 따른 사용 제약이 있다.(돌출물이 없는 건축물에 적용)
   ⑤ 형상 및 치수가 정확하며 시공오차가 적다.
   ⑥ 소요 경비가 절감된다.

2) 갱 폼(Gang Form) ✦✦
   ① 외부벽체 거푸집과 작업발판용 케이지(Cage)를 일체로 제작하여 사용하는 대형 거푸집을 말한다.(대형화 패널 자체에 버팀대와 작업대를 부착하여 유니트화 한다.)
   ② 거푸집판과 보강재가 일체로 된 기본 패널로 두꺼운 벽체를 구축하기에 적합하다.
   ③ 공사초기 제작기간이 길고 투자비가 큰 편이다.
   ④ 경제적인 전용횟수는 30~40회 정도이다.

⑤ 수직, 수평 분할 타설 공법을 활용하여 전용도를 높인다.
⑥ 조립, 분해 없이 설치와 탈형만 함에 따라 인력절감이 가능하다.
⑦ 설치와 탈형을 위하여 타워크레인, 이동식 크레인 같은 양중장비가 필요하다.
⑧ 콘크리트 이음부위(joint) 감소로 마감이 단순해지고 비용이 절감된다.
⑨ 제작 장소 및 해체 후 보관 장소가 필요하다.

3) 터널 폼(Tunnel Form) ✯✯

① 한 구획 전체의 벽판과 바닥판을 ㄱ자형 또는 ㄷ자형으로 짜서 이동시키는 형태의 기성재 거푸집이다.(벽체, 슬라브(바닥) 거푸집을 일체로 제작하여 한 번에 설치, 해체할 수 있는 거푸집)
② 거푸집의 전용횟수는 약 30~40회 정도이다.
③ 노무 절감, 공기단축이 가능하다.
④ 터널 폼의 종류에 트윈 쉘(twin shell)과 모노 쉘(mono shell) 등이 있다.

4) 트래블링 폼(Travelling Form)

수평활동 거푸집이며 거푸집 전체를 그대로 떼어 다음 사용 장소로 이동시켜 사용할 수 있도록 한 거푸집이다. ✯

5) 워플 폼(Waffle Form)

무량판 시공 시 2방향으로 된 상자형 기성재 거푸집이다.

6) 플라잉 폼(Flying form)

테이블 폼이라고도 부르며, 거푸집, 장선, 멍에, 지주를 일체화하여 수평 및 수직으로 이동할 수 있도록 한 바닥전용의 대형 거푸집을 말한다.

7) 유로 폼(Euro Form) ✯

합판과 특수 경량 강으로 제작된 거푸집으로 용도 표준화, 모듈화로 자재관리가 간편하고 어떠한 형태의 콘크리트 구조물에도 설치 해체가 용이하다.

(24) 콘크리트 타설 시 거푸집의 측압 ✯

① 거푸집 부재 단면이 클수록 측압이 크다.
② 거푸집 수밀성이 클수록 측압이 크다.
③ 거푸집의 강성이 클수록 측압이 크다.
④ 거푸집 표면이 평활할수록 측압이 크다.

⑤ 시공연도가 좋을수록 측압이 크다.
⑥ 철골 or 철근량이 적을수록 측압이 크다.
⑦ 외기온도가 낮을수록 측압이 크다.
⑧ 타설속도가 빠를수록 측압이 크다.
⑨ 다짐이 좋을수록 측압이 크다.
⑩ 슬럼프가 클수록 측압이 크다.
⑪ 콘크리트 비중이 클수록 측압이 크다.
⑫ 응결시간이 느린 시멘트를 사용할수록 측압이 크다.
⑬ 습도가 낮을수록 측압이 크다.

제5장 철골공사

(1) 내화피복 공법의 종류 ✈

습식공법	건식공법
① 조적공법 : 철골표면에 벽돌, 돌, 콘크리트 블록, 경량 콘크리트 블록 등을 시공하는 공법 ② 미장공법 : 철골표면에 단열 모르타르를 시공하는 공법 ③ 도장공법 : 철골표면에 내화페인트를 도장하는 공법 ④ 뿜칠공법 • 철골표면에 접착제를 혼합한 내화피복재(암면과 시멘트를 혼합)를 뿜어서 내화 피복하는 공법 • 기둥이나 보, 바닥과 지붕주위에 사용하며, 구조가 복잡한 부분에서도 시공하기가 쉽다. • 피복된 철골의 형상에 대해 제약이 적고 큰 면적의 내화피복을 소수 인원으로 단시간에 시공할 수 있다. ⑤ 타설공법 : 철골표면에 기포 콘크리트, 경량콘크리트를 타설하는 공법	① 성형판 붙임공법 : 내화단열성이 우수한 각종 성형판(PC판, ALC판, 석고보드 등)을 철골부재에 붙이는 공법으로 주로 기둥과 보의 내화피복에 사용된다. ② 멤브레인 공법 : 암면 흡음판을 철골에 붙여 시공하는 공법 ③ 세라믹울 피복공법

(2) 강재에서 녹막이 칠을 하지 않는 부분

① 현장용접을 하는 부위 및 그 곳에 인접하는 양측 100mm 이내, 그리고 초음파 탐상검사에 지장을 미치는 범위
② 고력볼트 마찰접합부의 마찰면
③ 콘크리트에 묻히는 부분
④ 핀, 롤러 등 밀착하는 부분과 회전면 등 절삭 가공한 부분
⑤ 조립에 의하여 면 맞춤 되는 부분
⑥ 밀폐되는 내면

> **비교합시다!**
>
> 경량철골공사의 아래 부분은 공장도장을 하지 않지만 공사장 설치 완료 후, 이 부분이 녹막이상의 약점이 없도록 인접부분과 동등이상의 처리를 하여야 한다.
> ① 콘크리트에 묻히는 부분
> ② 조립에 의하여 면맞춤이 되는 부분
> ③ 공사장 용접을 하는 부분
> ④ 고력볼트 마찰접합부의 마찰면
> ⑤ 핀·롤러 등 밀착하는 부분과 회전면 등 절삭 가공한 부분

(3) 철골 공사 중 현장에서 보수도장이 필요한 부위

① 현장 용접을 한 부위
② 현장접합 재료의 손상부위
③ 운반 또는 양중 시 생긴 손상부위
④ 현장접합에 의한 볼트류의 두부, 너트, 와셔

(4) 용접불량

① 언더컷(Under Cut) : 용접전류가 과대하거나 용접 속도가 너무 빠를 때 또는 아크를 짧게 유지하기 어려운 경우 발생하며 모재 및 용접부의 일부가 녹아서 발생하는 홈 또는 오목하게 생긴 부분(용착금속이 채워지지 않고 홈처럼 우묵하게 남아 있는 부분)을 말한다.
② 오버랩(overlap) : 용접전류가 부족하거나, 용접 속도가 너무 느릴 경우 발생하며 용착 금속이 모재에 융합되지 않고 겹친 부분(용융된 금속이 모재 면에

덮쳐진 상태)을 말한다.
③ 크레이터(Crater) : 아크를 끊을 때 비드 끝부분이 오목하게 들어가는 것을 말하며 이 부분에 균열이 발생하기 쉽다.
④ 크랙(Crack) : 용접부에 생기는 균열을 말하며 용접결함 중 가장 치명적인 결함이 된다.
⑤ 스패터(spatter) : 용접 시 튀어나온 슬래그가 굳은 현상(용융된 금속의 작은 입자가 튀어나와 모재에 묻어있는 것)을 말한다.

(5) 철골공사 용접완료 후의 비파괴 검사 방법 ✦

① 초음파 탐상법 : 재료의 내부에 초음파를 방사하여 불량 용접부위나 균열 등에서 반사되는 초음파를 분석하여 결함(모재의 결함 및 두께측정이 가능)을 판단한다.
② X선 투과법(방사선 투과법) : 방사선검사는 투과 상태를 필름에 담아 내부검출을 검사하는 방법으로 필름의 밀착성이 좋지 않은 건축물에서는 검출성이 나빠진다.
③ 자기 탐상법
④ 침투 탐상법

(6) 철골세우기 순서 ✦

① 전면 바름 마무리법
중심먹매김 → 앵커볼트 설치 → 기초상부 고름질 → 철골세우기 → 가조립 → 변형바로잡기 → 본조립(정조립) → 리벳접합 → 접합부 검사 → 도장
② 나중 채워 넣기법
기둥 중심선 먹매김 → 기초 볼트위치 재점검 → base plate의 높이 조정용 plate 고정 → 기둥 세우기 → 주각부 모르타르 채움

(7) 철골세우기용 기계 ✦

① 가이 데릭(guy derrick)
② 스티프레그 데릭(stiff-leg derrick)
- 직각으로 세운 주 기둥을 두 개의 경사 지주로 지지하는 형식으로 삼각 데릭이라고도 한다.

- 가이데릭에 비해 수평이동이 가능하므로 층수가 낮은 긴 평면에 유리하다.
- 270° 회전이 가능하며 철골세우기용 장비로 사용된다.

③ 진 폴(gin pole)
④ 트럭 크레인(truck crane)
⑤ 타워 크레인(tower crane)

(8) 철골공사의 기초상부 고름질 방법 ✯

① 전면 바름 마무리법
② 나중 채워넣기 중심 바름법
③ 나중 채워넣기 십자(+)바름법
④ 나중 채워넣기법

제6장 해체공사 및 기타공사

(1) 벽돌쌓기 시 사전준비 ✯

① 줄기초, 연결보 및 바닥 콘크리트의 쌓기 면은 작업 전에 청소하고, 우묵한 곳은 모르타르로 수평지게 고른다.
② 벽돌에 부착된 흙이나 먼지는 깨끗이 제거한다.
③ 모르타르는 지정한 배합으로 하되 시멘트와 모래는 건비빔으로 하고, 사용할 때에는 쌓기에 지장이 없는 유동성이 확보되도록 물을 가하고 충분히 반죽하여 사용한다.
④ 콘크리트 벽돌은 쌓기 직전에 물을 축이지 않으며 내화벽돌은 물 축임을 하지 않는다.

> **참고**
> **벽돌 물 축이기 ✯**
>
> ① 시멘트벽돌 : 쌓으면서, 쌓기 전 바로 축이기
> ② 붉은 벽돌 : 사전에 축이기
> ③ 내화벽돌 : 물 축이기를 하지 않는다.

(2) 벽돌쌓기의 일반사항

① 벽돌은 품질, 등급별로 정리하여 사용하는 순서별로 쌓아둔다.
② 규준틀에 의하여 벽돌나누기를 정확히 하고 토막벽돌이 생기지 않게 한다.
③ 가로 및 세로줄눈의 너비는 도면 또는 공사시방서에 정한 바가 없을 때에는 10mm를 표준으로 하며, 세로줄눈은 통줄눈이 되지 않도록 하고, 수직 일직선상에 오도록 벽돌나누기를 한다. ✄
④ 벽돌쌓기는 도면 또는 공사 시방서에서 정한 바가 없을 때에는 영식 쌓기 또는 화란식 쌓기로 한다. ✄
⑤ 내력벽 쌓기에서는 통줄눈이 생기지 않는 마구리쌓기나 길이쌓기로 쌓는 것이 좋다. ✄
⑥ 가로줄눈의 바탕 모르타르는 일정한 두께로 평평히 펴 바르고, 벽돌을 내리 누르듯 규준틀과 벽돌나누기에 따라 정확히 쌓는다.
⑦ 세로줄눈의 모르타르는 벽돌 마구리면에 충분히 발라 쌓도록 한다.
⑧ 벽돌은 각부를 가급적 동일한 높이로 쌓아 올라가고, 벽면의 일부 또는 국부적으로 높게 쌓지 않는다.
⑨ 하루의 쌓기 높이는 1.2m(18켜 정도)를 표준으로 하고, 최대 1.5m(22켜 정도) 이하로 한다.(높이를 초과하여 쌓을 경우 붕괴사고의 원인이 된다.) ✄
⑩ 연속되는 벽면의 일부를 트이게 하여 나중쌓기로 할 때에는 그 부분을 층간 들여쌓기로 한다. ✄
⑪ 직각으로 오는 벽체의 한편을 나중 쌓을 때에도 층단 들여쌓기로 하는 것을 원칙으로 하지만 부득이할 때에는 담당원의 승인을 받아 켜걸음 들여쌓기로 하거나 이음보강철물을 사용한다. 먼저 쌓은 벽돌이 움직일 때에는 이를 철거하고 청소한 후 다시 쌓는다. 물려쌓을 때에는 이 부분의 모르타르를 빈틈없이 다져 넣고 사춤 모르타르도 매 켜마다 충분히 부어 넣는다.
⑫ 벽돌벽이 블록벽과 서로 직각으로 만날 때에는 연결철물을 만들어 블록 3단마다 보강하여 쌓는다.
⑬ 벽돌벽이 콘크리트 기둥(벽), 슬래브 하부면과 만날 때에는 그 사이에 모르타르를 충전한다.
⑭ 한랭기 및 극한기에는 벽돌공사를 가급적 하지 않도록 한다.
⑮ 한중시공 시 쌓을 때의 조적체는 건조 상태이어야 한다.
⑯ 보강 벽돌쌓기에서 종근은 기초까지 정착되도록 콘크리트 타설 전에 배근한다.
⑰ 콘크리트(시멘트)벽돌 쌓기 시 조적체는 원칙적으로 젖어서는 안 된다.
⑱ 모르타르는 벽돌 강도 이상의 것을 사용한다. ✄

(3) 줄눈의 형태

조적공사에서 가장 많이 이용되는 치장줄눈의 형태는 평줄눈이다. ✗

① 막힌줄눈
- 세로 줄눈의 위, 아래가 막힌 줄눈을 말한다.
- 보강콘크리트 블록 구조를 제외한 벽돌쌓기는 막힌줄눈을 원칙으로 한다. ✗

② 통줄눈
- 세로 줄눈의 위, 아래가 일치하는 줄눈을 말한다.

(4) 벽돌쌓기

1) 영식 쌓기

① 한 켜는 길이로 쌓고 다음 켜는 마구리 쌓기로 하며 벽의 모서리나 끝에는 이오토막을 사용한다.
② 통줄눈이 생기지 않고 가장 튼튼한 쌓기 방식이다.
③ 도면 또는 공사 시방서에서 정한 바가 없을 때에 적용하는 쌓기법이다.

2) 화란식 쌓기

쌓기 방법은 영식과 동일하나 벽의 모서리나 끝에는 칠오토막을 사용한다.

3) 불식 쌓기(프랑스식 쌓기)

① 한 켜에 길이 쌓기와 마구리 쌓기를 번갈아 가며 쌓는다.
② 외관은 좋으나 통줄눈이 많이 생겨서 강도를 필요로 하지 않는 벽체나 벽돌담에 사용한다.

4) 미식 쌓기

뒷면은 영식쌓기로 하고 표면에는 5켜까지는 길이쌓기로 하고, 그 위 1켜는 마구리쌓기로 하는 쌓는다.

5) 내쌓기

① 방화벽이나 마루를 설치할 목적으로 벽돌을 내밀어 쌓는 방식을 말한다.
② 벽면에서 한 켜(1/8B씩), 두 켜(1/4B씩)씩 내어 쌓으며 내쌓기 한도는 2.0B이다.
③ 마구리쌓기로 한다.

6) 옆 세워쌓기

마구리를 세워 쌓는 방식으로 경사, 문턱 등에 사용하는 쌓기 방식이다

7) 영롱 쌓기

벽돌 벽면에 구멍을 내어 쌓는 방식으로 장식적인 효과를 내는 벽돌쌓기 방법을 말한다.

(5) 조적조의 백화현상 ✈

벽돌 접착용 모르타르의 석회분이 빗물에 의하여 유출되어 수산화칼슘이 되어 표면에 유출될 때 공기 중의 탄산가스 또는 벽돌의 유황성분과 결합하여 흰 가루가 생기는 현상을 말한다.

1) 백화의 원인
① 벽돌벽면의 빗물 침투
② 재료불량
③ 시공불량
④ 기온이 낮을 때
⑤ 습도가 높을 때
⑥ 물, 시멘트비가 클 때

2) 백화현상 방지법 ✈
① 줄눈으로 비가 새어들지 않도록 방수처리를 한다. (방수제 사용과 충분한 사춤)
② 잘 구워진 벽돌을 사용한다. (소성이 잘된 벽돌 사용)
③ 벽돌 벽의 상부에 차양, 루머, 돌림띠 등의 비 막이를 설치한다.
④ 표면에 파라핀 도료, 실리콘을 뿜칠한다.
⑤ 조립률이 큰 모래, 분말도가 큰 시멘트를 사용한다.
⑥ 흡수율이 낮은 벽돌을 사용한다.
⑦ 쌓기용 모르타르에 파라핀 도료와 같은 혼화제를 사용한다. (줄눈 모르타르에 석회를 섞는 것은 백화 현상을 촉진 시킬 수 있다.)
⑥ 염분을 함유한 모래나 석회질이 섞인 모래의 사용을 피한다.

6) 점토벽돌의 치수 및 허용차

단위 : mm

항목	구분		
	길이	너비	두께
치수	190	90	57
	230	90	57
	290	90	48
허용차	±5.0	±3.0	±2.5

7) 속빈 콘크리트 블록의 규격

단위 : mm

모양	치수			허용차
	길이	높이	두께	
기본 블록	390	190	210	±2
			190	
			150	
			100	
이형 블록	가로근용 블록, 모서리용 블록과 같이 기본 블록과 동일한 크기인 것의 치수 및 허용차는 기본 블록에 준한다. 다만, 그 외의 경우에는 당사자 사이의 협의에 따른다.			

8) 블록 쌓기 방법

① 단순조적 블록쌓기의 세로줄눈은 도면 또는 공사시방에서 정한 바가 없을 때에는 막힌 줄눈으로 한다.
② 기준틀 또는 블록 나누기의 먹매김에 따라 모서리·중간요소 기타 기준이 되는 부분을 먼저 정확하게 쌓은 다음 수평실을 치고 먼저 쌓은 블록을 기준으로 하여 수평실에 맞추어 모서리부에서부터 차례로 쌓아간다.
③ 블록은 빈속의 경사(taper)에 의한 살 두께가 큰 편을 위로 하여 쌓는다.
④ 가로줄눈 모르터는 블록의 중간 살을 제외한 양면 살 전체에, 세로줄눈 모르터는 마구리 접합면에 각각 발라 수평, 수직이 되게 쌓는다.
⑤ 블록은 턱솔이 없게 수평실에 맞추어 줄눈이 똑바르도록 대어 쌓는다. 치장이 되는 면의 더러움은 그 때마다 청소한다.

⑥ 하루의 쌓기 높이는 1.5m(블록 7켜 정도)이내를 표준으로 한다. 다만, 장막벽으로 4중 쌓기하는 블록 간막이 벽은 담당원의 승인을 얻어 층높이까지 할 수 있다. ✯
⑦ 줄눈 모르터는 쌓은 후 줄눈누르기 및 줄눈파기를 한다.
⑧ 특별한 지정이 없으면 가로줄눈 및 세로줄눈의 두께는 10mm가 되게 한다. 치장줄눈을 할 때에는 흙손을 사용하여 줄눈이 완전히 굳기 전에 줄눈파기를 하여 치장줄눈을 바른다. ✯

(9) 철근콘크리트 보강 블록공사 ✯

① 블록을 쌓아 철근과 콘크리트로 보강하여 내력벽을 구축하는 공법을 말한다.
② 원칙적으로 통줄눈 쌓기로 한다.
③ 보강콘크리트 블록조에서 세로근에 이음을 만들어서는 안 된다.
④ 가로근은 배근 상세도에 따라 가공하되, 그 단부는 180°의 갈구리로 구부려 배근한다.
⑤ 세로근은 기초 및 테두리보에서 위층의 테두리보까지 잇지 않고 배근하여 그 정착길이는 철근 직경의 40배 이상으로 한다.
⑥ 벽의 세로근은 구부리지 않고 항상 진동 없이 설치한다.
⑦ 블록을 쌓을 때 지나치게 물 축이기하면 팽창수축으로 벽체에 균열이 생기기 쉬우므로, 접착면에 적당히 물 축여 모르타르 경화강도에 지장이 없도록 한다.
⑧ 보강블록공사 시 철근은 굵은 것보다 가는 철근을 많이 넣는 것이 좋다.
⑨ 벽체를 일체화시키기 위한 철근콘크리트조의 테투리 보의 춤은 내력벽 두께의 1.5배 이상으로 한다.

(10) 테두리보 설치 목적 ✯

① 내력벽을 일체화시켜 건물 강도를 높인다.
② 분산된 벽체를 일체화한다.
③ 하중을 균등하게 전달한다.
④ 수축균열을 최소화한다.
⑤ 지붕 슬래브의 하중을 보강한다.

11) 경량기포콘크리트 블록(ALC 블록)공사 시 내력벽 쌓기 ✭

① 쌓기 모르타르는 교반기를 사용하여 배합하여 1시간 이내에 사용해야 한다.
② 가로 및 세로줄눈의 두께는 1~3mm 정도로 한다.
③ 하루 쌓기 높이는 1.8m를 표준으로 하며, 최대 2.4m 이내로 한다.
④ 연석되는 벽면의 일부를 나중쌓기로 할 때에는 그 부분을 층단 떼어쌓기로 한다.

12) 석재 시공상 주의사항 ✭

① 석재는 중량이 크고 운반에 제한이 따르므로 최대치를 정한다.
② 압축응력을 받는 곳에만 사용한다.(휨 및 인장강도가 약하다.)
③ 되도록 흡수율이 낮은 석재를 사용한다.
④ 가공 시 예각은 피한다.
⑤ $1m^3$ 이상 되는 석재는 높은 곳에 사용하지 않는다.
⑥ 내화도가 필요한 곳에는 열에 강한 것을 사용한다.
⑦ 조각용은 너무 연한 것, 너무 굳은 것은 곤란하다.

13) 석재붙임공법의 종류 ✭

1) 습식공법
구조체와 석재 사이를 연결철물(긴결철물)과 모르타르를 채워서 고정하는 공법
① 온 사춤공법 : 석재를 연결철물로 고정하고 뒷벽과의 사이에 온통사춤 모르타르를 채우는 공법
② 줄띠 사춤공법 : 석재를 연결철물로 고정하고 가로줄눈에 줄띠모양으로 사춤 모르타르를 채우는 공법

2) 건식공법
모르타르 없이 구조체와 석재 사이를 연결철물로 고정하는 공법
① 앵커(Anchor) 긴결 공법 ✭
  - 모르타르를 충전하지 않고 앵커, 너트, 볼트, 와셔 등의 긴결철물(연결철물)로 고정하는 방법을 말한다.
  - 동절기 시공이 가능하고 공기단축 및 백화현상을 방지할 수 있다.

② 강재Truss 지지공법 : 구조체에 강재트러스를 설치한 후 석재를 그 위에 설치해 나가는 공법
③ GPC공법 : 강재트러스 대신에 석재와 콘크리트를 일체화시킨 대형 콘크리트 패널을 연결철물로 고정하는 방법

PART 05 건설공사 안전관리

제1장 건설공사 특성분석

1. 건설업 등의 산업재해 예방(산업안전보건법)

(1) 건설공사발주자의 산업재해 예방 조치 ✈

총 공사금액이 50억 원 이상인 건설공사발주자는 산업재해 예방을 위하여 건설공사의 계획, 설계 및 시공 단계에서 다음 각 호의 구분에 따른 조치를 하여야 한다.

건설공사 계획단계	해당 건설공사에서 중점적으로 관리하여야할 유해·위험요인과 이의 감소방안을 포함한 기본 안전보건대장을 작성할 것
건설공사 설계단계	기본안전보건대장을 설계자에게 제공하고, 설계자로 하여금 유해·위험요인의 감소방안을 포함한 설계안전보건대장을 작성하게 하고 이를 확인할 것
건설공사 시공단계	건설공사발주자로부터 건설공사를 최초로 도급받은 수급인에게 설계안전보건대장을 제공하고, 그 수급인에게 이를 반영하여 안전한 작업을 위한 공사안전보건대장을 작성하게 하고 그 이행 여부를 확인할 것

(2) 산업재해 예방을 위하여 필요한 조치를 하여야 하는 장소 ✈

사업주는 근로자가 다음 각 호의 어느 하나에 해당하는 장소에서 작업을 할 때 발생할 수 있는 산업재해를 예방하기 위하여 필요한 조치를 하여야 한다.

① 근로자가 추락할 위험이 있는 장소
② 토사·구축물 등이 붕괴할 우려가 있는 장소
③ 물체가 떨어지거나 날아올 위험이 있는 장소
④ 천재지변으로 인한 위험이 발생할 우려가 있는 장소

2. 지반의 조사

(1) 지하탐사법

(2) Sounding Test

① 표준관입시험(standard penetration test) ✖
  ㉠ 표준 샘플러 63.5[kg]의 해머로 75[cm]의 높이에서 낙하시켜 관입량 30[cm]에 달하는데 요하는 타격횟수로서 사질지반(모래)의 밀도를 측정하는 방법이다.
  ㉡ 타격횟수의 값이 클수록 밀실한 토질이다.

타격횟수에 따른 지반의 판정 ✖	・타격횟수 4회 미만 : 대단히 연약한 지반 ・타격횟수 4~10회 : 연약한 지반 ・타격횟수 10~30회 : 보통지반 ・타격횟수 30~50회 : 밀실한 지반 ・타격횟수 50회 이상 : 대단히 밀실한 지반

② 베인 테스트(vane test) ✖
  보링 구멍을 이용하여 십자 날개형의 베인 테스터를 지반에 박고 이것을 회전시켜 그 회전력에 의하여 점토(진흙)의 점착력을 판별하는 방법이다.

③ 보링(Boring)
  ㉠ 보링(boring)시 주의사항
   • 보링의 깊이는 경미한 건물은 기초 폭의 1.5~2.0배, 지지층 이상으로 한다.
   • 간격은 약 30[m]로 하고 중간지점은 물리적 탐사법을 이용한다.
   • 한 장소에서 3개소 이상 실시한다.
   • 보링 구멍은 수직으로 판다.
   • 채취 시료는 충분히 양생해야 한다.
  ㉡ 보링(boring)의 종류 ✖
   • 회전식 보링(rotary boring) : 천공날을 회전시켜 천공하는 공법으로 가장 많이 사용되는 방법이다.
   • 수세식 보링(wash boring) : 보링내 선단에서 물을 뿜어내어 나온 진흙물을 침전시켜 토질을 분석하는 방법으로 깊은 지층조사가 가능하다.
   • 충격식 보링(percussion boring) : 낙하, 충격에 의해 파쇄되는 토사나 암석을 이용하여 분석하는 방법이다.
   • 오거 보링(auger boring) : 송곳(auger)을 이용해 깊이 10[m]이내의 시

추에 사용되며 얕은 점토층의 분석에 사용된다.
④ 샘플링(Sampling) : 불교란시료, Thin Wall Sampling(연약점토, 사질지반에 적합), Composite Sampling, Dension Sampling, Foil Sampling

3. 지반의 이상현상 및 안전대책

(1) 사질토와 점토의 개량공법

사질토(모래)의 개량공법 ✖	· 다짐말뚝공법 · 바이브로 플로테이션 · 약액주입공법	· 다짐모래말뚝공법 · 전기충격공법 · 웰포인트공법
점성토의 개량공법 ✖	· 치환공법 · 재하공법 · 생석회말뚝공법	· 탈수공법 · 압성토공법

(2) 히빙(Heaving)현상 ✖✖

① 연약한 점토지반에서 굴착에 의한 흙막이 내·외면의 흙의 중량차이(토압)로 인해 굴착저면의 흙이 부풀어 올라오는 현상을 말한다.
② 흙막이 바깥흙이 안으로 밀려든다.

히빙 발생원인	① 배면지반과 터파기 저면과의 토압차 ② 연약지반 및 하부지반의 강성 부족 ③ 지표면의 토사적치 등 과재하 ④ 흙막이 밑둥넣기 부족
히빙현상 방지책 ✖	① 양질의 재료로 지반을 개량한다(흙의 전단강도 높인다). ② 어스앵커 설치 ③ 시트파일 등의 근입심도 검토(흙막이 벽체의 근입깊이를 깊게 한다) ④ 굴착주변에 웰포인트 공법을 병행한다. ⑤ 소단을 두면서 굴착한다. ⑥ 굴착주변의 상재하중을 제거 ⑦ 굴착저면에 토사 등의 인공중력을 가중시킴 ⑧ 토류벽의 배면토압을 경감시키고, 약액주입공법 및 탈수공법을 적용

(3) 보일링(Boiling)현상 ☆☆

① 사질토 지반에서 굴착저면과 흙막이 배면과의 수위차이로 인해 굴착저면의 흙과 물이 함께 위로 솟구쳐 오르는 현상(모래의 액상화 현상)을 말한다.
② 모래가 액상화되어 솟아오른다.

보일링 발생원인 ☆	보일링현상 방지책 ☆☆
• 배면지반과 터파기 저면과의 수위 차	• 지하수위 저하
• 포화지반 및 지하수위가 높은 경우	• 지하수 흐름 변경
• 사질지반 및 파이핑의 형성	• 근입벽을 깊게 한다.
• 흙막이 밑둥넣기 부족	• 작업중지

제2장 건설공사 위험성

1. 유해위험방지계획서 제출 대상(건설공사) ☆☆☆

① 다음 각 목의 어느 하나에 해당하는 건축물 또는 시설 등의 건설·개조 또는 해체공사
   가. 지상높이가 31미터 이상인 건축물 또는 인공구조물
   나. 연면적 3만 제곱미터 이상인 건축물
   다. 연면적 5천 제곱미터 이상인 시설로서 다음의 어느 하나에 해당하는 시설
      1) 문화 및 집회시설(전시장 및 동물원·식물원은 제외한다)
      2) 판매시설, 운수시설(고속철도의 역사 및 집배송시설은 제외한다)
      3) 종교시설
      4) 의료시설 중 종합병원
      5) 숙박시설 중 관광숙박시설
      6) 지하도상가
      7) 냉동·냉장 창고시설
② 연면적 5천제곱미터 이상의 냉동·냉장창고시설의 설비공사 및 단열공사
③ 최대 지간길이(다리의 기둥과 기둥의 중심사이의 거리)가 50미터 이상인 교량 건설 등 공사
④ 터널 건설 등의 공사
⑤ 다목적댐, 발전용댐 및 저수용량 2천만톤 이상의 용수 전용 댐, 지방상수도

전용 댐 건설
⑥ 깊이 10미터 이상인 굴착공사

- 지상높이 31m, 연면적 3만m², 사람 많은 시설 연면적 5,000m²
- 연면적 5,000m² 냉동·냉장창고시설
- 최대 지간길이가 50미터 이상 교량
- 터널
- 저수용량 2천만 톤 이상 댐
- 10미터 이상인 굴착

2. 유해위험 방지계획서 심사 결과의 구분 ✄✄

적정	근로자의 안전과 보건을 위하여 필요한 조치가 구체적으로 확보되었다고 인정되는 경우
조건부 적정	근로자의 안전과 보건을 확보하기 위하여 일부 개선이 필요하다고 인정되는 경우
부적정	기계·설비 또는 건설물이 심사기준에 위반되어 **공사착공 시 중대한 위험 발생의 우려가 있거나 계획에 근본적 결함이 있다고 인정되는 경우**

3. 유해위험방지계획서 제출 시 첨부서류 ✄

사업주가 건설공사에 해당하는 유해·위험방지계획서를 제출하려면 건설공사 유해·위험방지계획서 다음 각 호 서류를 첨부하여 해당 공사의 착공 전날까지 공단에 2부를 제출하여야 한다.

(1) 공사 개요 및 안전보건관리계획
① 공사 개요서
② 공사현장의 주변 현황 및 주변과의 관계를 나타내는 도면
   (매설물 현황을 포함한다)
③ 건설물, 사용 기계설비 등의 배치를 나타내는 도면
④ 전체 공정표
⑤ 산업안전보건관리비 사용계획
⑥ 안전관리 조직표
⑦ 재해 발생 위험 시 연락 및 대피방법

(2) 작업 공사 종류별 유해·위험방지계획

4. 사전조사 및 작업계획서의 작성

(1) 사전조사 및 작업계획서를 작성하여야 하는 작업 ✿✿
① 타워크레인을 설치·조립·해체하는 작업
② 차량계 하역운반기계등을 사용하는 작업(화물자동차를 사용하는 도로상의 주행작업은 제외한다)
③ 차량계 건설기계를 사용하는 작업
④ 화학설비와 그 부속설비를 사용하는 작업
⑤ 전기작업(해당 전압이 50볼트를 넘거나 전기에너지가 250볼트암페어를 넘는 경우로 한정한다)
⑥ 굴착면의 높이가 2미터 이상이 되는 지반의 굴착작업
⑦ 터널굴착작업
⑧ 교량(상부구조가 금속 또는 콘크리트로 구성되는 교량으로서 그 높이가 5미터 이상이거나 교량의 최대 지간 길이가 30미터 이상인 교량으로 한정한다)의 설치·해체 또는 변경 작업
⑨ 채석작업
⑩ 구축물, 건축물, 그 밖의 시설물 등의 해체작업
⑪ 중량물의 취급작업
⑫ 궤도나 그 밖의 관련 설비의 보수·점검작업
⑬ 열차의 교환·연결 또는 분리 작업("입환작업")

[사전조사 및 작업계획서 내용 ✯✯]

작업명	사전조사 내용	작업계획서 내용
1. 타워크레인을 설치·조립·해체하는 작업 ✯✯	–	가. 타워크레인의 종류 및 형식 나. 설치·조립 및 해체순서 다. 작업도구·장비·가설설비(假設設備) 및 방호설비 라. 작업인원의 구성 및 작업근로자의 역할 범위 마. 타워크레인의 지지 방법
2. 차량계 하역운반기계 등을 사용하는 작업	–	가. 해당 작업에 따른 추락·낙하·전도·협착 및 붕괴 등의 위험 예방대책 나. 차량계 하역운반기계 등의 운행경로 및 작업방법
3. 차량계 건설기계를 사용하는 작업 ✯✯	해당 기계의 굴러 떨어짐, 지반의 붕괴 등으로 인한 근로자의 위험을 방지하기 위한 해당 작업장소의 지형 및 지반상태	가. 사용하는 차량계 건설기계의 종류 및 성능 나. 차량계 건설기계의 운행경로 다. 차량계 건설기계에 의한 작업방법
4. 굴착작업 ✯✯	가. 형상·지질 및 지층의 상태 나. 균열·함수(含水)·용수 및 동결의 유무 또는 상태 다. 매설물 등의 유무 또는 상태 라. 지반의 지하수위 상태	가. 굴착방법 및 순서, 토사 반출 방법 나. 필요한 인원 및 장비 사용계획 다. 매설물 등에 대한 이설·보호대책 라. 사업장 내 연락방법 및 신호방법 마. 흙막이 지보공 설치방법 및 계측계획 바. 작업지휘자의 배치계획 사. 그 밖에 안전·보건에 관련된 사항
5. 터널굴착작업 ✯✯	보링(boring) 등 적절한 방법으로 낙반·출수(出水) 및 가스폭발 등으로 인한 근로자의 위험을 방지하기 위하여 미리 지형·지질 및 지층상태를 조사	가. 굴착의 방법 나. 터널지보공 및 복공(覆工)의 시공방법과 용수(湧水)의 처리방법 다. 환기 또는 조명시설을 설치할 때에는 그 방법

작업명	사전조사 내용	작업계획서 내용
6. 교량작업	-	가. 작업 방법 및 순서 나. 부재(部材)의 낙하·전도 또는 붕괴를 방지하기 위한 방법 다. 작업에 종사하는 근로자의 추락 위험을 방지하기 위한 안전조치 방법 라. 공사에 사용되는 가설 철구조물 등의 설치·사용·해체 시 안전성 검토 방법 마. 사용하는 기계 등의 종류 및 성능, 작업방법 바. 작업지휘자 배치계획 사. 그 밖에 안전·보건에 관련된 사항
7. 채석작업 ✄	지반의 붕괴·굴착기계의 굴러 떨어짐 등에 의한 근로자에게 발생할 위험을 방지하기 위한 해당 작업장의 지형·지질 및 지층의 상태	가. 노천굴착과 갱내굴착의 구별 및 채석방법 나. 굴착면의 높이와 기울기 다. 굴착면 소단(小段)의 위치와 넓이 라. 갱내에서의 낙반 및 붕괴방지 방법 마. 발파방법 바. 암석의 분할방법 사. 암석의 가공장소 아. 사용하는 굴착기계·분할기계·적재기계 또는 운반기계(이하 "굴착기계 등"이라 한다)의 종류 및 성능 자. 토석 또는 암석의 적재 및 운반방법과 운반경로 차. 표토 또는 용수(湧水)의 처리방법
8. 구축물, 건축물, 그 밖의 시설물 등의 해체작업 ✄✄	해체건물 등의 구조, 주변 상황 등	가. 해체의 방법 및 해체 순서도면 나. 가설설비·방호설비·환기설비 및 살수·방화설비 등의 방법 다. 사업장 내 연락방법 라. 해체물의 처분계획 마. 해체작업용 기계·기구 등의 작업계획서 바. 해체작업용 화약류 등의 사용계획서 사. 그 밖에 안전·보건에 관련된 사항
9. 중량물의 취급 작업	-	가. 추락위험을 예방할 수 있는 안전대책 나. 낙하위험을 예방할 수 있는 안전대책 다. 전도위험을 예방할 수 있는 안전대책 라. 협착위험을 예방할 수 있는 안전대책 마. 붕괴위험을 예방할 수 있는 안전대책

(2) 작업지휘자를 지정하여야 하는 작업 ✖

① 차량계 하역운반기계 등을 사용하는 작업(화물자동차를 사용하는 도로상의 주행작업은 제외한다)
② 굴착면의 높이가 2미터 이상이 되는 지반의 굴착작업
③ 교량(상부구조가 금속 또는 콘크리트로 구성되는 교량으로서 그 높이가 5미터 이상이거나 교량의 최대 지간 길이가 30미터 이상인 교량으로 한정한다)의 설치·해체 또는 변경 작업
④ 중량물의 취급작업
⑤ 항타기나 항발기를 조립·해체·변경 또는 이동하여 작업을 하는 경우

(3) 일정한 신호방법을 정하여야 하는 작업 ✖

① 양중기(揚重機)를 사용하는 작업
② 차량계 하역운반기계의 유도자를 배치하는 작업
③ 차량계 건설기계의 유도자를 배치하는 작업
④ 항타기 또는 항발기의 운전작업
⑤ 중량물을 2명 이상의 근로자가 취급하거나 운반하는 작업
⑥ 양화장치를 사용하는 작업
⑦ 궤도작업차량의 유도자를 배치하는 작업
⑧ 입환작업(入換作業)

5. 재해발생 위험이 높다고 판단되어 설계변경을 요청할 수 있는 경우 ✖

① 높이 31미터 이상인 비계(飛階)
② 작업발판 일체형 거푸집 또는 높이 5미터 이상인 거푸집 동바리
③ 터널의 지보공(支保工) 또는 높이 2미터 이상인 흙막이 지보공
④ 동력을 이용하여 움직이는 가설구조물

제3장 건설업 산업안전보건관리비 관리

1. 산업안전보건관리비 계상 및 사용

(1) 적용범위

산업안전보건법 제2조 제11호의 건설공사 중 총 공사금액 2천만 원 이상인 공사에 적용한다. 다만, 단가계약에 의하여 행하는 공사에 대하여는 총 계약금액을 기준으로 적용한다.

(2) 산업안전보건관리비의 사용

1) 공사금액 1억원 이상 120억원(토목공사업에 속하는 공사는 150억원) 미만인 공사와 「건축법」에 따른 건축허가의 대상이 되는 공사의 건설공사발주자 또는 건설공사도급인(건설공사발주자로부터 건설공사를 최초로 도급받은 수급인은 제외한다)은 해당 건설공사를 착공하려는 경우 건설재해예방전문지도기관과 건설산업재해 예방을 위한 지도계약을 체결하여야 한다. 다만, 다음 각 호의 어느 하나에 해당하는 공사는 제외한다.

> **산업안전보건관리비 사용 시 재해예방 전문지도기관의 지도를 받지 않아도 되는 공사**
> - 공사기간이 1개월 미만인 공사
> - 육지와 연결되지 아니한 섬지역(제주특별자치도는 제외)에서 이루어지는 공사
> - 사업주가 안전관리자의 자격을 가진 사람을 선임(같은 광역 자치단체의 지역 내에서 같은 사업주가 경영하는 셋 이하의 공사에 대하여 공동으로 안전관리자 자격을 가진 사람 1명을 선임한 경우를 포함)하여 안전관리자의 업무만을 전담하도록 하는 공사
> - 유해·위험방지계획서를 제출하여야 하는 공사

2) 건설공사 도급인은 산업안전보건관리비를 사용하는 해당 건설공사의 금액이 4천만원 이상인 때에는 매월(건설공사가 1개월 이내에 종료되는 사업의 경우에는 해당 건설공사가 끝나는 날이 속하는 달을 말한다) 사용명세서를 작성하고, 건설공사 종료 후 1년 동안 보존해야 한다.

3) 도급인은 산업안전보건관리비 사용내역에 대하여 공사 시작 후 6개월마다 1회 이상 발주자 또는 감리원의 확인을 받아야 한다. 다만, 6개월 이내에 공사가 종료되는 경우에는 종료 시 확인을 받아야 한다.

(3) 산업안전보건관리비 계상기준

① 건설공사 발주자가 도급계약 체결을 위한 원가계산에 의한 예정가격을 작성하거나, 자기공사자가 건설공사 사업 계획을 수립할 때에는 산업안전보건관리비를 계상하여야 한다. 다만, 발주자가 재료를 제공하거나 일부 물품이 완제품의 형태로 제작·납품되는 경우에는 해당 재료비 또는 완제품 가액을 대상액에 포함하여 산출한 산업안전보건관리비와 해당 재료비 또는 완제품 가액을 대상액에서 제외하고 산출한 산업안전보건관리비의 1.2배에 해당하는 값을 비교하여 그 중 작은 값 이상의 금액으로 계상한다.

> ① 발주자의 재료비 포함 산업안전보건관리비
> ② 발주자의 재료비 제외한 산업안전보건관리비×1.2
> ①, ② 중 작은 값 이상으로 한다.

산업안전보건관리비의 계상

1. 대상액이 5억 원 미만 또는 50억 원 이상
   산업안전보건관리비 = 대상액(재료비 + 직접 노무비) × 비율

2. 대상액이 5억 원 이상 50억 원 미만
   산업안전보건관리비 = 대상액(재료비 + 직접 노무비) × 비율 + 기초액(C)

3. 대상액이 명확하지 않은 경우
   도급계약 또는 자체사업계획상 책정된 총 공사금액의 10분의 7에 해당하는 금액을 대상액으로 하고 제1호 및 제2호에서 정한 기준에 따라 계상

[공사종류 및 규모별 산업안전보건관리비 계상기준표]

구 분 공사 종류	대상액 5억 원 미만인 경우 적용비율(%)	대상액 5억 원 이상 50억 원 미만인 경우 적용비율(%)		대상액 50억 원 이상인 경우 적용비율(%)	보건관리자 선임 대상 건설공사의 적용비율(%)
		적용비율(%)	기초액		
건축공사	3.11(%)	2.28(%)	4,325천원	2.37(%)	2.64(%)
토목공사	3.15(%)	2.53(%)	3,300천원	2.60(%)	2.73(%)
중건설공사	3.64(%)	3.05(%)	2,975천원	3.11(%)	3.39(%)
특수건설공사	2.07(%)	1.59(%)	2,450천원	1.64(%)	1.78(%)

② 하나의 사업장 내에 건설공사 종류가 둘 이상인 경우(분리발주한 경우를 제외한다)에는 공사금액이 가장 큰 공사종류를 적용한다.
③ 발주자 또는 자기공사자는 설계변경 등으로 대상액의 변동이 있는 경우 지체 없이 산업안전보건관리비를 조정 계상하여야 한다. 다만, 설계변경으로 공사 금액이 800억 원 이상으로 증액된 경우에는 증액된 대상액을 기준으로 재 계상한다.

[공사진척에 따른 안전관리비 사용기준]

공정률	50퍼센트 이상 70퍼센트 미만	70퍼센트 이상 90퍼센트 미만	90퍼센트 이상
사용기준	50퍼센트 이상	70퍼센트 이상	90퍼센트 이상

* 공정율은 기성공정율을 기준으로 한다.

2. 산업안전보건관리비의 항목별 사용내역 및 기준

(1) 산업안전보건관리비의 사용 내역 ☆☆

① 안전관리자·보건관리자 임금 등
② 안전시설비 등
③ 보호구 등
④ 안전보건 진단비 등
⑤ 안전보건 교육비 등
⑥ 근로자 건강장해 예방비 등
⑦ 건설재해예방전문지도기관 기술지도비
⑧ 본사 전담조직 근로자 임금 등
⑨ 위험성 평가 등에 따른 소요비용

(2) 산업안전보건관리비의 세부 사용 항목 ✿✿

1. 안전관리자·보건관리자의 임금 등	① 안전관리 또는 보건관리 업무만을 전담하는 안전관리자 또는 보건관리자의 임금과 출장비 전액(지방고용노동관서에 선임 보고한 날부터 발생한 비용에 한정한다.) ② 안전관리 또는 보건관리 업무를 전담하지 않는 안전관리자 또는 보건관리자의 임금과 출장비의 각각 2분의 1에 해당하는 비용(지방고용노동관서에 선임 보고한 날부터 발생한 비용에 한정한다.) ③ 안전관리자를 선임한 건설공사 현장에서 산업재해 예방 업무만을 수행하는 작업지휘자, 유도자, 신호자 등의 임금 전액 ④ 작업을 직접 지휘·감독하는 직·조·반장 등 관리감독자의 직위에 있는 자가 업무를 수행하는 경우에 지급하는 업무수당(임금의 10분의 1 이내)
2. 안전시설비 등	① 산업재해 예방을 위한 안전난간, 추락방호망, 안전대 부착설비, 방호장치(기계·기구와 방호장치가 일체로 제작된 경우, 방호장치 부분의 가액에 한함) 등 안전시설의 구입·임대 및 설치 등을 위해 소요되는 비용 ② 스마트 안전장비 구입·임대 비용. 다만, 계상된 산업안전보건관리비 총액의 10분의 2를 초과할 수 없다. ③ 용접 작업 등 화재 위험작업 시 사용하는 소화기의 구입·임대비용
3. 보호구 등	① 보호구의 구입·수리·관리 등에 소요되는 비용 ② 근로자가 보호구를 직접 구매·사용하여 합리적인 범위 내에서 보전하는 비용 ③ 안전관리자 등의 업무용 피복, 기기 등을 구입하기 위한 비용 ④ 안전관리자 및 보건관리자가 안전보건 점검 등을 목적으로 건설공사 현장에서 사용하는 차량의 유류비·수리비·보험료
4. 안전보건진단비 등	① 유해위험방지계획서의 작성 등에 소요되는 비용 ② 안전보건진단에 소요되는 비용 ③ 작업환경 측정에 소요되는 비용 ④ 그 밖에 산업재해예방을 위해 법에서 지정한 전문기관 등에서 실시하는 진단, 검사, 지도 등에 소요되는 비용
5. 안전보건교육비 등	① 의무교육이나 이에 준하여 실시하는 교육을 위해 건설공사 현장의 교육 장소 설치·운영 등에 소요되는 비용 ② 산업재해 예방이 주된 목적인 교육을 실시하기 위해 소요되는 비용 ③ 「응급의료에 관한 법률」에 따른 안전보건교육 대상자 등에게 구조 및 응급처치에 관한 교육을 실시하기 위해 소요되는 비용

	④ 안전보건관리책임자, 안전관리자, 보건관리자가 업무수행을 위해 필요한 정보를 취득하기 위한 목적으로 도서, 정기간행물을 구입하는 데 소요되는 비용 ⑤ 건설공사 현장에서 안전기원제 등 산업재해 예방을 기원하는 행사를 개최하기 위해 소요되는 비용. 다만, 행사의 방법, 소요된 비용 등을 고려하여 사회통념에 적합한 행사에 한한다. ⑥ 건설공사 현장의 유해·위험요인을 제보하거나 개선방안을 제안한 근로자를 격려하기 위해 지급하는 비용
6. 근로자 건강장해 예방비 등	① 법·영·규칙에서 규정하거나 그에 준하여 필요로 하는 각종 근로자의 건강장해 예방에 필요한 비용 ② 중대재해 목격으로 발생한 정신질환을 치료하기 위해 소요되는 비용 ③ 「감염병의 예방 및 관리에 관한 법률」에 따른 감염병의 확산 방지를 위한 마스크, 손소독제, 체온계 구입비용 및 감염병병원체 검사를 위해 소요되는 비용 ④ 휴게시설을 갖춘 경우 온도, 조명 설치·관리기준을 준수하기 위해 소요되는 비용 ⑤ 건설공사 현장에서 근로자 심폐소생을 위해 사용되는 자동심장충격기(AED) 구입에 소요되는 비용 ⑥ 온열·한랭질환으로부터 근로자 건강장해를 예방하기 위한 임시 휴게시설 설치·해체·임대 비용 및 냉·난방기기의 임대 비용

7. 건설재해예방전문지도기관의 지도에 대한 대가로 자기공사자가 지급하는 비용

8. 「중대재해 처벌 등에 관한 법률」에 해당하는 건설사업자가 아닌 자가 운영하는 사업에서 안전보건 업무를 총괄·관리하는 3명 이상으로 구성된 본사 전담조직에 소속된 근로자의 임금 및 업무수행 출장비 전액. 다만, 산업안전보건관리비 총액의 20분의 1을 초과할 수 없다.

9. 위험성평가 또는 유해·위험요인 개선을 위해 필요하다고 판단하여 산업안전보건위원회 또는 노사협의체에서 사용하기로 결정한 사항을 이행하기 위한 비용(산업안전보건위원회 또는 노사협의체가 없는 현장의 경우에는 안전 및 보건에 관한 협의체에서 결정한 사항을 이행하기 위한 비용을 말한다.) 계상된 산업안전보건관리비 총액의 10분의 15를 초과할 수 없다.

제4장 건설재해 및 대책

1. 추락에 의한 위험방지 조치

(1) 개구부 등의 방호 조치
① 작업발판 및 통로의 끝이나 개구부로서 근로자가 추락할 위험이 있는 장소에는 안전난간, 울타리, 수직형 추락방망 또는 덮개 등의 방호 조치를 충분한 강도를 가진 구조로 튼튼하게 설치하여야 하며, 덮개를 설치하는 경우에는 뒤집히거나 떨어지지 않도록 설치하여야 한다. 이 경우 어두운 장소에서도 알아볼 수 있도록 개구부임을 표시해야 하며, 수직형 추락방망은 「산업표준화법」에 따른 한국산업표준에서 정하는 성능기준에 적합한 것을 사용해야 한다.
② 난간 등을 설치하는 것이 매우 곤란하거나 작업의 필요상 임시로 난간 등을 해체하여야 하는 경우 추락방호망을 설치하여야 한다. 다만, 추락방호망을 설치하기 곤란한 경우에는 근로자에게 안전대를 착용하도록 하는 등 추락할 위험을 방지하기 위하여 필요한 조치를 하여야 한다.

(2) 지붕 위에서의 위험 방지
사업주는 근로자가 지붕 위에서 작업을 할 때에 추락하거나 넘어질 위험이 있는 경우에는 다음 각 호의 조치를 해야 한다.
① 지붕의 가장자리에 안전난간을 설치할 것
② 채광창(skylight)에는 견고한 구조의 덮개를 설치할 것
③ 슬레이트 등 강도가 약한 재료로 덮은 지붕에는 폭 30센티미터 이상의 발판을 설치할 것

2. 추락방지설비

(1) 추락방호망

1) 추락방호망의 설치기준
① 추락방호망의 설치위치는 가능하면 작업면으로부터 가까운 지점에 설치하여야 하며, 작업면으로부터 망의 설치지점까지의 수직거리는 10미터를 초과하지 아니할 것
② 추락방호망은 수평으로 설치하고, 망의 처짐은 짧은 변 길이의 12퍼센트 이상이 되도록 할 것
③ 건축물 등의 바깥쪽으로 설치하는 경우 망의 내민 길이는 벽면으로부터 3미터 이상되도록 할 것. 다만, 그물코가 20밀리미터 이하인 망을 사용한 경우에는 낙하물방지망을 설치한 것으로 본다.

방망사의 강도

[표 1] 방망사의 신품에 대한 인장강도 ✄

그물코의 크기	방망의 종류(단위 : 킬로그램)	
(단위 : 센티미터)	매듭 없는 방망	매듭방망
10	240	200
5		110

[표 2] 방망사의 폐기 시 인장강도 ✄

그물코의 크기	방망의 종류(단위 : 킬로그램)	
(단위 : 센티미터)	매듭 없는 방망	매듭방망
10	150	135
5		60

2) 지지점의 강도 ✄

① 방망 지지점은 600킬로그램의 외력에 견딜 수 있는 강도를 보유하여야 한다.
② 연속적인 구조물이 방망 지지점인 경우의 외력 계산

$$F = 200 \times B$$

여기에서 F는 외력(단위 : 킬로그램), B는 지지점간격(단위 : m)이다.

3) 정기시험 ✄

방망의 정기시험은 사용개시 후 1년 이내로 하고, 그 후 6개월마다 1회씩 정기적으로 시험용사에 대해서 등속인장시험을 하여야 한다.

(2) 안전난간의 구조 및 설치요건 ✄✄

① 상부 난간대, 중간 난간대, 발끝막이판 및 난간기둥으로 구성할 것.
② 상부 난간대
  • 상부 난간대는 바닥면 등으로부터 90센티미터 이상 지점에 설치
  • 상부 난간대를 120센티미터 이하에 설치하는 경우 : 중간 난간대는 상부 난간대와 바닥면 등의 중간에 실치
  • 120센티미터 이상 지점에 설치하는 경우 : 중간 난간대를 2단 이상으로 설치, 난간의 상하 간격은 60센티미터 이하가 되도록 할 것(다만, 난간기둥 간의 간격이 25센티미터 이하인 경우에는 중간 난간대를 설치하지 않을 수 있다.)
③ 발끝막이판은 바닥면 등으로부터 10센티미터 이상의 높이를 유지할 것. (다만, 물체가 떨어지거나 날아올 위험이 없거나 그 위험을 방지할 수 있는 망을 설치하는 등 필요한 예방 조치를 한 장소는 제외)

④ 난간기둥은 상부 난간대와 중간 난간대를 견고하게 떠받칠 수 있도록 적정한 간격을 유지할 것
⑤ 상부 난간대와 중간 난간대는 난간 길이 전체에 걸쳐 바닥면 등과 평행을 유지할 것
⑥ 난간대는 지름 2.7센티미터 이상의 금속제 파이프나 그 이상의 강도가 있는 재료일 것
⑦ 안전난간은 구조적으로 가장 취약한 지점에서 가장 취약한 방향으로 작용하는 100킬로그램 이상의 하중에 견딜 수 있는 튼튼한 구조일 것

3. 추락방지 보호구

(1) 안전대의 구분 ✿✿

종류	사용 구분
벨트식	1개 걸이용
	U자 걸이용
안전그네식	추락방지대
	안전블록

(2) 안전대의 선정 ✿
① U자 걸이용은 전주 위에서의 작업과 같이 발받침은 확보되어 있어도 불완전하여 체중의 일부는 U자 걸이로 하여 안전대에 지지하여야만 작업을 할 수 있으며, 1개 걸이의 상태로서는 사용하지 않는 경우에 선정해야 한다.
② 1개 걸이용은 안전대에 의지하지 않아도 작업할 수 있는 발판이 확보되었을 때 사용한다.

4. 토석붕괴 위험성

(1) 토석붕괴의 원인

토석붕괴의 외적원인 ✿✿	① 사면, 법면의 경사 및 기울기의 증가 ② 절토 및 성토 높이의 증가 ③ 공사에 의한 진동 및 반복 하중의 증가 ④ 지표수 및 지하수의 침투에 의한 토사 중량의 증가 ⑤ 지진, 차량, 구조물의 하중작용 ⑥ 토사 및 암석의 혼합층 두께
토석붕괴의 내적원인 ✿	① 절토 사면의 토질·암질 ② 성토 사면의 토질구성 및 분포 ③ 토석의 강도 저하

(2) 굴착작업 시 토사 등의 붕괴 또는 낙하에 의한 위험방지 조치
① 흙막이 지보공의 설치
② 방호망의 설치
③ 근로자의 출입 금지 등

(3) 굴착면의 기울기 및 높이 기준 ✕✕✕

지반의 종류	굴착면의 기울기
모래	1 : 1.8
연암 및 풍화암	1 : 1.0
경암	1 : 0.5
그 밖의 흙	1 : 1.2

(4) 잠함 또는 우물통의 내부에서 굴착작업 시 급격한 침하로 인한 위험방지 조치 ✕
① 침하관계도에 따라 굴착방법 및 재하량(載荷量) 등을 정할 것
② 바닥으로부터 천장 또는 보까지의 높이는 1.8미터 이상으로 할 것

(5) 잠함 등 내부에서의 굴착작업 시 준수사항 ✕
① 산소결핍의 우려가 있는 때에는 산소의 농도를 측정하는 자를 지명하여 측정하도록 할 것
② 근로자가 안전하게 오르내리기 위한 설비를 설치할 것
③ 굴착 깊이가 20미터를 초과하는 때에는 당해 작업장소와 외부와의 연락을 위한 통신설비 등을 설치할 것
※ 산소농도 측정결과 산소의 결핍이 인정되거나 굴착깊이가 20미터를 초과하는 때에는 송기를 위한 설비를 설치하여 필요한 양의 공기를 송급하여야 한다.

(6) 굴착작업 시 사전조사 및 작업계획서 내용 ✿✿

작업명	굴착작업
사전조사 ✿✿	① 형상·지질 및 지층의 상태 ② 균열·함수(含水)·용수 및 동결의 유무 또는 상태 ③ 매설물 등의 유무 또는 상태 ④ 지반의 지하수위 상태
작업 계획서 내용 ✿	① 굴착방법 및 순서, 토사 반출 방법 ② 필요한 인원 및 장비 사용계획 ③ 매설물 등에 대한 이설·보호대책 ④ 사업장 내 연락방법 및 신호방법 ⑤ 흙막이 지보공 설치방법 및 계측계획 ⑥ 작업지휘자의 배치계획 ⑦ 그 밖에 안전·보건에 관련된 사항

(7) 흙막이 지보공을 설치한 때 점검사항 ✿✿

① 부재의 손상·변형·부식·변위 및 탈락의 유무와 상태
② 버팀대의 긴압의 정도
③ 부재의 접속부·부착부 및 교차부의 상태
④ 침하의 정도

5. 콘크리트 구조물 붕괴 안전대책

(1) 구축물 또는 시설물의 안전성 평가를 실시하여야 하는 경우 ✿

① 구축물 등의 인근에서 굴착·항타작업 등으로 침하·균열 등이 발생하여 붕괴의 위험이 예상될 경우
② 구축물 등에 지진, 동해(凍害), 부동침하(불동침하) 등으로 균열·비틀림 등이 발생하였을 경우
③ 구축물 등이 그 자체의 무게·적설·풍압 또는 그 밖에 부가되는 하중 등으로 붕괴 등의 위험이 있을 경우
④ 화재 등으로 구축물 등의 내력(耐力)이 심하게 저하 되었을 경우
⑤ 오랜 기간 사용하지 아니하던 구축물 등을 재사용하게 되어 안전성을 검토하여야 하는 경우
⑥ 구축물 등의 주요구조부에 대한 설계 및 시공 방법의 전부 또는 일부를 변경하는 경우
⑦ 그 밖의 잠재위험이 예상될 경우

6. 자동경보장치의 작업시작 전 점검 사항 ☆☆

① 계기의 이상 유무
② 검지부의 이상 유무
③ 경보장치의 작동상태

7. 터널지보공 설치 시 점검 항목 ☆☆

① 부재의 손상·변형·부식·변위 탈락의 유무 및 상태
② 부재의 긴압의 정도
③ 부재의 접속부 및 교차부의 상태
④ 기둥침하의 유무 및 상태

8. 발파작업 기준 ☆

① 얼어붙은 다이나마이트는 화기에 접근시키거나 그 밖의 고열물에 직접 접촉시키는 등 위험한 방법으로 융해하지 아니하도록 할 것
② 화약이나 폭약을 장전하는 경우에는 그 부근에서 화기를 사용하거나 흡연을 하지 않도록 할 것
③ 장전구(裝塡具)는 마찰·충격·정전기 등에 의한 폭발의 위험이 없는 안전한 것을 사용할 것
④ 발파공의 충진재료는 점토·모래 등 발화성 또는 인화성의 위험이 없는 재료를 사용할 것
⑤ 점화 후 장전된 화약류가 폭발하지 아니한 때 또는 장전된 화약류의 폭발 여부를 확인하기 곤란한 때에는 다음 각목의 사항을 따를 것
　㉠ 전기뇌관에 의한 경우에는 발파모선을 점화기에서 떼어 그 끝을 단락시켜 놓는 등 재점화되지 않도록 조치하고 그 때부터 5분 이상 경과한 후가 아니면 화약류의 장전장소에 접근시키지 않도록 할 것
　㉠ 전기뇌관 외의 것에 의한 경우에는 점화한 때부터 15분 이상 경과한 후가 아니면 화약류의 장전장소에 접근시키지 않도록 할 것
⑥ 전기뇌관에 의한 발파의 경우 점화하기 전에 화약류를 장전한 장소로부터 30미터 이상 떨어진 안전한 장소에서 전선에 대하여 저항측정 및 도통(導通)시험을 할 것

9. 터널 굴착작업의 사전조사 및 작업계획서 내용 ☆☆

사전조사 내용	보링(boring) 등 적절한 방법으로 낙반·출수(出水) 및 가스폭발 등으로 인한 근로자의 위험을 방지하기 위하여 미리 지형·지질 및 지층상태를 조사
작업계획서 내용 ☆☆	① 굴착의 방법 ② 터널지보공 및 복공(覆工)의 시공방법과 용수(湧水)의 처리방법 ③ 환기 또는 조명시설을 설치할 때에는 그 방법

10. 교량작업 및 채석작업 시 안전대책

(1) 사전조사 및 작업계획서의 내용

작업명	사전조사 내용	작업계획서 내용
교량 작업	—	가. 작업방법 및 순서 나. 부재(部材)의 낙하·전도 또는 붕괴를 방지하기 위한 방법 다. 작업에 종사하는 근로자의 추락 위험을 방지하기 위한 안전조치 방법 라. 공사에 사용되는 가설 철구조물 등의 설치·사용·해체 시 안전성 검토 방법 마. 사용하는 기계 등의 종류 및 성능, 작업방법 바. 작업지휘자 배치계획 사. 그 밖에 안전·보건에 관련된 사항
채석 작업 ☆☆	지반의 붕괴·굴착 기계의 굴러 떨어짐 등에 의한 근로자에게 발생할 위험을 방지하기 위한 해당 작업장의 지형·지질 및 지층의 상태	가. 노천굴착과 갱내굴착의 구별 및 채석방법 나. 굴착면의 높이와 기울기 다. 굴착면 소단(小段)의 위치와 넓이 라. 갱내에서의 낙반 및 붕괴방지 방법 마. 발파방법 바. 암석의 분할방법 사. 암석의 가공장소 아. 굴착기계 등의 종류 및 성능 자. 토석 또는 암석의 적재 및 운반방법과 운반경로 차. 표토 또는 용수(湧水)의 처리방법

11. 낙하 - 비래 예방대책

(1) 낙하 - 비래 위험방지 조치 ✄
① 낙하물방지망·수직보호망 또는 방호선반의 설치
② 출입금지구역의 설정
③ 보호구의 착용

(2) 낙하물방지망 또는 방호선반 설치 시 준수사항 ✄✄
① 설치높이는 10미터 이내마다 설치하고, 내민길이는 벽면으로부터 2미터 이상으로 할 것
② 수평면과의 각도는 20도 이상 30도를 이하를 유지할 것

(3) 투하설비의 설치 ✄
사업주는 높이가 3미터 이상인 장소로부터 물체를 투하하는 때에는 적당한 투하설비를 설치하거나 감시인을 배치하는 등 위험방지를 위하여 필요한 조치를 하여야 한다.

12. 굴삭장비(굴착기계)

(1) 셔블계 기계 ✄
① 파워 셔블(power shovel)[dipper shovel : 동력삽]
　㉠ 기계가 서 있는 지반면보다 높은 곳의 땅파기에 적합하다.
　㉡ 붐(boom)이 단단하여 굳은 지반의 굴착에도 사용된다.
② 드래그 셔블(drag shovel, 백호) : 기계가 서 있는 지면보다 낮은 장소의 굴착 및 수중굴착이 가능하다. 굳은 지반의 토질도 정확한 굴착이 된다.
③ 드래그라인(drag line)
　㉠ 기계가 서있는 위치보다 낮은 장소의 굴착에 적당하고 굳은 토질에서의 굴착은 되지 않지만 굴착 반지름이 크다.
　㉡ 작업범위가 광범위하고 수중굴착 및 연약한 지반의 굴착에 적합하다.
④ 클램셸(clamshell) : 수중굴착 및 가장 협소하고 깊은 굴착이 가능하며 호퍼(hopper)에 적당하다. 연약지반이나 수중굴착 및 자갈 등을 싣는데 적합하다.

13. 차량계 건설기계의 안전

(1) 차량계 건설기계의 운전자 위치이탈 시 조치 ✮✮
① 포크, 버킷, 디퍼 등의 장치를 가장 낮은 위치 또는 지면에 내려 둘 것
② 원동기를 정지시키고 브레이크를 확실히 거는 등 갑작스러운 이동을 방지하기 위한 조치를 할 것
③ 운전석을 이탈하는 경우에는 시동키를 운전대에서 분리시킬 것

(2) 차량계 건설기계의 넘어짐(전도) 방지 조치 ✮✮
① 유도자 배치
② 지반의 부동침하방지
③ 갓길의 붕괴방지
④ 도로의 폭 유지

(3) 낙하물 보호구조의 설치 ✮
사업주는 토사 등이 떨어질 우려가 있는 등 위험한 장소에서 차량계 건설기계[불도저, 트랙터, 굴착기, 로더, 스크레이퍼, 덤프트럭, 모터그레이더, 롤러, 천공기, 항타기 및 항발기로 한정한다]를 사용하는 경우에는 해당 차량계 건설기계에 견고한 낙하물 보호구조를 갖춰야 한다.

14. 운반기계의 안전

(1) 차량계 하역운반기계 운전자가 운전위치 이탈 시 조치 ✮✮
① 포크, 버킷, 디퍼 등의 장치를 가장 낮은 위치 또는 지면에 내려 둘 것
② 원동기를 정지시키고 브레이크를 확실히 거는 등 갑작스러운 이동을 방지하기 위한 조치를 할 것
③ 운전석을 이탈하는 경우에는 시동키를 운전대에서 분리시킬 것. 다만, 운전석에 잠금장치를 하는 등 운전자가 아닌 사람이 운전하지 못하도록 조치한 경우에는 그러하지 아니하다.

(2) 차량계 하역운반기계 넘어짐(전도) 방지 조치 ✮✮
① 유도자 배치
② 지반의 부동침하방지
③ 갓길의 붕괴방지

(3) 차량계 하역운반기계에 화물적재시의 조치 ✮
① 하중이 한쪽으로 치우치지 않도록 적재할 것
② 구내운반차 또는 화물자동차의 경우 화물의 붕괴 또는 낙하에 의한 위험을 방지하기 위하여 화물에 로프를 거는 등 필요한 조치를 할 것

③ 운전자의 시야를 가리지 않도록 화물을 적재할 것
④ 화물을 적재하는 경우에는 최대적재량을 초과해서는 아니 된다.

(4) 차량계 하역운반기계 작업 시 작업지휘자 임무 ✮
① 작업 순서 및 그 순서마다의 작업 방법을 정하고 작업을 지휘할 것
② 기구 및 공구를 점검하고 불량품을 제거할 것
③ 해당 작업을 하는 장소에 관계 근로자가 아닌 사람이 출입하는 것을 금지할 것
④ 로프를 풀거나 덮개를 벗기는 작업을 행하는 때에는 적재함의 낙하할 위험이 없음을 확인한 후에 당해 작업을 하도록 할 것

15. 항타기 및 항발기의 안전기준

(1) 무너짐 방지조치 ✮
① 연약한 지반에 설치하는 경우에는 아웃트리거·받침 등 지지구조물의 침하를 방지하기 위하여 깔판·받침목 등을 사용할 것
② 시설 또는 가설물 등에 설치하는 때에는 그 내력을 확인하고 내력이 부족한 때에는 그 내력을 보강할 것
③ 아웃트리거·받침 등 지지구조물이 미끄러질 우려가 있는 때에는 말뚝 또는 쐐기 등을 사용하여 해당 지지구조물을 고정시킬 것
④ 궤도 또는 차로 이동하는 항타기 또는 항발기에 대하여는 불시에 이동하는 것을 방지하기 위하여 레일클램프 및 쐐기 등으로 고정시킬 것
⑤ 상단 부분은 버팀대·버팀줄로 고정하여 안정시키고, 그 하단 부분은 견고한 버팀·말뚝 또는 철골 등으로 고정시킬 것

(2) 권상용 와이어로프
① 항타기 또는 항발기의 권상용 와이어로프의 안전계수가 5 이상이 아니면 이를 사용하여서는 아니 된다. ✮
② 권상용 와이어로프는 추 또는 해머가 최저의 위치에 있는 때 또는 널말뚝을 빼어내기 시작한 때를 기준으로 하여 권상장치의 드럼에 적어도 2회 감기고 남을 수 있는 충분한 길이일 것 ✮

(3) 권상기 및 도르래의 설치
① 항타기 또는 항발기의 권상장치의 드럼축과 권상장치로부터 첫번째 도르래의 축과의 거리를 권상장치의 드럼폭의 15배 이상으로 하여야 한다. ✮
② 도르래는 권상장치의 드럼의 중심을 지나야 하며 축과 수직면상에 있어야 한다. ✮

(4) 항타기, 항발기 조립하는 때 점검 사항 ✕

① 본체의 연결부의 풀림 또는 손상의 유무
② 권상용 와이어로프·드럼 및 도르래의 부착상태의 이상 유무
③ 권상장치의 브레이크 및 쐐기장치 기능의 이상 유무
④ 권상기의 설치상태의 이상 유무
⑤ 리더(leader)의 버팀 방법 및 고정상태의 이상 유무
⑥ 본체·부속장치 및 부속품의 강도가 적합한지 여부
⑦ 본체·부속장치 및 부속품에 심한 손상·마모·변형 또는 부식이 있는지 여부

(5) 항타기 또는 항발기를 조립하거나 해체하는 경우 준수사항

① 항타기 또는 항발기에 사용하는 권상기에 쐐기장치 또는 역회전방지용 브레이크를 부착할 것
② 항타기 또는 항발기의 권상기가 들리거나 미끄러지거나 흔들리지 않도록 설치할 것
③ 그 밖에 조립·해체에 필요한 사항은 제조사에서 정한 설치·해체 작업 설명서에 따를 것

16. 컨베이어의 안전

(1) 컨베이어의 방호장치 ✕✕✕✕

이탈 등의 방지장치	컨베이어 등을 사용하는 때에는 정전·전압강하 등에 의한 화물 또는 운반구의 이탈 및 역주행을 방지하는 장치를 갖추어야 한다.
비상정지 장치	컨베이어 등에 근로자의 신체의 일부가 말려드는 등 근로자에게 위험을 미칠 우려가 있는 때 및 비상시에는 즉시 컨베이어 등의 운전을 정지시킬 수 있는 장치를 설치하여야 한다.
덮개, 울의 설치	컨베이어 등으로부터 화물의 낙하로 인하여 근로자에게 위험을 미칠 우려가 있는 때에는 당해 컨베이어 등에 덮개 또는 울을 설치하는 등 낙하방지를 위한 조치를 하여야 한다.

(2) 건널다리의 설치 ✕

운전 중인 컨베이어 등의 위로 근로자를 넘어가도록 하는 때에는 근로자의 위험을 방지하기 위하여 건널다리를 설치하는 등 필요한 조치를 하여야 한다.

(3) 컨베이어 작업시작 전 점검사항 ✕✕✕

① 원동기 및 풀리기능의 이상 유무
② 이탈 등의 방지장치기능의 이상 유무
③ 비상정지장치 기능의 이상 유무

④ 원동기·회전축·기어 및 풀리 등의 덮개 또는 울 등의 이상 유무

17. 고소작업대의 안전

(1) 고소작업대를 설치하는 때에는 다음 각 호에 해당하는 것을 설치하여야 한다.
① 와이어로프 또는 체인의 안전율은 5 이상일 것 ✄
② 압력의 이상저하를 방지할 수 있는 구조일 것
③ 권과방지장치를 갖추거나 압력의 이상상승을 방지할 수 있는 구조일 것
④ 붐의 최대 지면경사각을 초과 운전하여 전도되지 않도록 할 것
⑤ 작업대에 정격하중(안전율 5 이상)을 표시할 것
⑥ 가드 또는 과상승방지장치를 설치할 것
⑦ 조작반의 스위치는 눈으로 확인할 수 있도록 명칭 및 방향표시를 유지할 것

(2) 악천후 시 작업 중지 ✄
비·눈 그 밖의 기상상태의 불안정으로 인하여 날씨가 몹시 나쁠 때에 10미터 이상의 높이에서 고소작업대를 사용함에 있어 근로자에게 위험을 미칠 우려가 있는 때에는 작업을 중지하여야 한다.

18. 구내운반차의 준수사항 ✄

① 주행을 제동하고 또한 정지 상태를 유지하기 위하여 유효한 제동장치를 갖출 것
② 경음기를 갖출 것
③ 운전석이 차 실내에 있는 것은 좌우에 한 개씩 방향지시기를 갖출 것
④ 전조등과 후미등을 갖출 것. 다만, 작업을 안전하게 하기 위하여 필요한 조명이 있는 장소에서 사용하는 구내 운반차에 대해서는 그러하지 아니하다.
⑤ 구내운반차가 후진 중에 주변의 근로자 또는 차량계 하역운반기계 등과 충돌할 위험이 있는 경우에는 구내운반차에 후진 경보기와 경광등을 설치할 것

19. 지게차

(1) 방호장치 ✘

① 헤드가드 : 지게차에는 최대하중의 2배(4톤을 넘는 값에 대해서는 4톤으로 한다)에 해당하는 등분포정하중(等分布靜荷重)에 견딜 수 있는 강도의 헤드가드를 설치하여야 한다.

② 백레스트 : 지게차에는 포크에 적재된 화물이 마스트의 뒤쪽으로 떨어지는 것을 방지하기 위한 백레스트(backrest)를 설치하여야 한다.

③ 전조등, 후미등 : 지게차에는 7천5백칸델라 이상의 광도를 가지는 전조등, 2칸델라 이상의 광도를 가지는 후미등을 설치하여야 한다.

④ 안전벨트 : 다음 각 호의 요건에 적합한 안전벨트를 설치하여야 한다.
  ㉠ 「한국산업표준에 따라 인증을 받은 제품」, 「품질경영 및 공산품안전관리법」에 따라 안전인증을 받은 제품, 국제적으로 인정되는 규격에 따른 제품 또는 국토해양부장관이 이와 동등 이상이라고 인정하는 제품일 것
  ㉡ 사용자가 쉽게 잠그고 풀 수 있는 구조일 것

(2) 설치방법 ✘✘

헤드 가드	① 상부 틀의 각 개구의 폭 또는 길이는 16센티미터 미만일 것 ② 운전자가 앉아서 조작하거나 서서 조작하는 지게차의 헤드가드는 산업표준화한 한국산업표준에서 정하는 높이 기준 이상일 것 (좌식 : 903mm, 입식 : 1,905mm 이상)
백레 스트	① 외부충격이나 진동 등에 의해 탈락 또는 파손되지 않도록 견고하게 부착할 것 ② 최대하중을 적재한 상태에서 마스트가 뒤쪽으로 경사지더라도 변형 또는 파손이 없을 것
전조등	① 좌우에 1개씩 설치할 것 ② 등광색은 백색으로 할 것 ③ 점등 시 차체의 다른 부분에 의하여 가려지지 아니할 것
후미등	① 지게차 뒷면 양쪽에 설치할 것 ② 등광색은 적색으로 할 것 ③ 지게차 중심선에 대하여 좌우대칭이 되게 설치할 것 ④ 등화의 중심점을 기준으로 외측의 수평각 45도에서 볼 때에 투영면적이 12.5제곱센티미터 이상일 것

(3) 지게차의 안전조건

① 지게차의 안정도

$$W \times a < G \times b \, (M_1 < M_2)$$

W : 화물중량 a : 앞바퀴 ~ 화물중심까지 거리
G : 지게차 자체 중량 b : 앞바퀴 ~ 차 중심까지 거리

② **전경사각** : 마스터의 수직위치에서 앞으로 기울인 경우 최대경사각 5~6°
③ **후경사각** : 마스터의 수직위치에서 뒤로 기울인 경우 최대경사각 10~12°

(4) 지게차 작업시의 안정도

안정도	지게차의 상태
하역작업 시의 전·후 안정도 : 4% 이내 (5t 이상 : 3.5%)	(위에서 본 경우)
주행 시의 전·후 안정도 : 18% 이내	
하역작업 시의 좌·우 안정도 : 6% 이내	(밑에서 본 경우)
주행 시의 좌·우 안정도 : (15+1.1V)% 이내 최대 40%(V : 최고속도 km/h)	
안정도 = $\dfrac{h}{l} \times 100(\%)$	

20. 운전위치를 이탈하여서는 안되는 기계

① 양중기
② 항타기 또는 항발기(권상장치에 하중을 건 상태)
③ 양화장치(화물을 적재한 상태)

21. 작업시작 전 점검 ☆☆☆

지게차의 작업시작 전 점검	① 하역장치 및 유압장치 기능의 이상 유무 ② 제동장치 및 조종장치 기능의 이상 유무 ③ 바퀴의 이상 유무 ④ 전조등, 후미등, 방향지시기, 경보장치 기능의 이상 유무
구내운반차의 작업시작 전 점검	① 제동장치 및 조종장치 기능의 이상 유무 ② 하역장치 및 유압장치 기능의 이상 유무 ③ 바퀴의 이상 유무 ④ 전조등·후미등·방향지시기 및 경음기 기능의 이상 유무 ⑤ 충전장치를 포함한 홀더 등의 결합상태의 이상 유무
화물 자동차의 작업시작 전 점검	① 제동 장치 및 조종 장치의 기능 ② 하역 장치 및 유압 장치의 기능 ③ 바퀴의 이상 유무
고소작업대의 작업시작 전 점검	① 비상정지장치 및 비상하강방지장치 기능의 이상 유무 ② 과부하방지장치의 작동 유무(와이어로프 또는 체인구동방식의 경우) ③ 아웃트리거 또는 바퀴의 이상 유무 ④ 작업면의 기울기 또는 요철유무

제5장 비계·거푸집 가시설 위험방지

1. 강관비계(강관을 이용한 단관비계의 구조) ☆☆

(1) 강관비계의 구조

① 비계기둥 간격 : 띠장방향에서는 1.85m 이하, 장선방향에서는 1.5m 이하로 할 것

다만, 다음 각 목의 어느 하나에 해당하는 작업의 경우에는 안전성에 대한 구조검토를 실시하고 조립도를 작성하면 띠장 방향 및 장선 방향으로 각각 2.7미터 이하로 할 수 있다.

가. 선박 및 보트 건조작업

나. 그 밖에 장비 반입 · 반출을 위하여 공간 등을 확보할 필요가 있는 등 작업의 성질상 비계기둥 간격에 관한 기준을 준수하기 곤란한 작업

② 띠장간격 : 2.0미터 이하로 할 것(다만, 작업의 성질상 이를 준수하기가 곤란하여 쌍기둥 틀 등에 의하여 해당 부분을 보강한 경우에는 그러하지 아니하다)
③ 비계기둥의 제일 윗부분으로 부터 31m되는 지점 밑 부분의 비계기둥은 2본의 강관으로 묶어 세울 것(다만, 브라켓(bracket, 까치발) 등으로 보강하여 2개의 강관으로 묶을 경우 이상의 강도가 유지되는 경우에는 그러하지 아니하다)
④ 비계기둥 간의 적재하중은 400kg을 초과하지 않도록 할 것

(2) 강관비계 조립 시의 준수사항

① 비계기둥에는 미끄러지거나 침하하는 것을 방지하기 위하여 밑받침철물을 사용하거나 깔판·깔목 등을 사용하여 밑둥잡이를 설치할 것
② 강관의 접속부 또는 교차부는 적합한 부속철물을 사용하여 접속하거나 단단히 묶을 것
③ 교차가새로 보강할 것
④ 외줄비계·쌍줄비계 또는 돌출비계의 벽이음 및 버팀 설치
  - 조립간격 : 수직방향에서 5m 이하, 수평방향에서 5m 이하
  - 강관·통나무 등의 재료를 사용하여 견고한 것으로 할 것
  - 인장재와 압축재로 구성되어 있는 때에는 인장재와 압축재의 간격을 1미터 이내로 할 것
⑤ 가공전로에 근접하여 비계를 설치하는 때에는 가공전로를 이설, 절연용 방호구 장착하는 등 가공전로와의 접촉 방지 조치할 것

2. 틀비계(강관 틀비계) 조립 시 준수사항 ★

① 밑둥에는 밑받침철물을 사용하여야 하며 밑받침에 고저차가 있는 경우에는 조절형 밑받침철물을 사용하여 항상 수평 및 수직을 유지하도록 할 것
② 높이가 20미터를 초과하거나 중량물의 적재를 수반하는 작업을 할 경우에는 주틀간의 간격이 1.8미터 이하로 할 것
③ 주틀 간에 교차가새를 설치하고 최상층 및 5층 이내마다 수평재를 설치할 것
④ 벽이음 간격(조립간격) : 수직방향 6m, 수평방향으로 8m미터 이내마다 할 것
⑤ 길이가 띠장방향으로 4m 이하이고 높이가 10m를 초과하는 경우에는 10m 이내마다 띠장방향으로 버팀기둥을 설치할 것

3. 비계 조립간격(벽이음 간격) ☆☆☆

비계 종류		수직방향	수평방향
강관 비계	단관비계	5m	5m
	틀비계(높이 5m 미만인 것 제외)	6m	8m

4. 달기체인 등 사용 금지 항목 ☆☆

달기체인 등 사용 금지 항목 ☆☆	
달기체인	① 달기 체인의 길이가 달기 체인이 제조된 때의 길이의 5퍼센트를 초과한 것 ② 링의 단면지름이 달기 체인이 제조된 때의 해당 링의 지름의 10퍼센트를 초과하여 감소한 것 ③ 균열이 있거나 심하게 변형된 것
화물자동차의 짐걸이 등으로 사용하는 섬유로프	① 꼬임이 끊어진 것 ② 심하게 손상 또는 부식된 것
달비계에 사용하는 섬유로프 또는 안전대의 섬유벨트	① 꼬임이 끊어진 것 ② 심하게 손상되거나 부식된 것 ③ 2개 이상의 작업용 섬유로프 또는 섬유벨트를 연결한 것 ④ 작업높이보다 길이가 짧은 것
와이어로프	① 이음매가 있는 것 ② 와이어로프의 한 꼬임(스트랜드 : strand)에서 끊어진 소선의 수가 10퍼센트 이상(비자전로프의 경우에는 끊어진 소선의 수가 와이어로프 호칭지름의 6배 길이 이내에서 4개 이상이거나 호칭지름 30배 길이 이내에서 8개 이상)인 것 ③ 지름의 감소가 공칭지름의 7퍼센트를 초과하는 것 ④ 꼬인 것 ⑤ 심하게 변형되거나 부식된 것 ⑥ 열과 전기충격에 의해 손상된 것

5. 말비계 조립 시의 준수사항(말비계의 구조) ✪✪

① 지주부재의 하단에는 미끄럼 방지장치를 하고, 양측 끝부분에 올라 서서 작업하지 아니하도록 할 것
② 지주부재와 수평면과의 기울기를 75도 이하로 하고, 지주부재와 지주부재 사이를 고정시키는 보조부재를 설치할 것
③ 말비계의 높이가 2미터를 초과할 경우에는 작업발판의 폭을 40센티미터 이상으로 할 것

6. 이동식 비계 조립 시의 준수사항(이동식 비계의 구조) ✪✪

① 바퀴에는 갑작스러운 이동 또는 전도를 방지하기 위하여 브레이크·쐐기 등으로 바퀴를 고정시킨 다음 비계의 일부를 견고한 시설물에 고정하거나 아웃트리거를 설치하는 등 필요한 조치를 할 것
② 승강용사다리는 견고하게 설치할 것
③ 비계의 최상부에서 작업을 할 때에는 안전난간을 설치할 것
④ 작업발판은 항상 수평을 유지하고 작업발판 위에서 안전난간을 딛고 작업을 하거나 받침대 또는 사다리를 사용하여 작업하지 않도록 할 것
⑤ 작업발판의 최대적재하중은 250킬로그램을 초과하지 않도록 할 것

7. 시스템 비계 ✪✪

(1) 시스템 비계의 구조
① 수직재·수평재·가새재를 견고하게 연결하는 구조가 되도록 할 것
② 비계 밑단의 수직재와 받침철물은 밀착되도록 설치하고, 수직재와 받침철물의 연결부의 겹침길이는 받침철물 전체길이의 3분의 1 이상이 되도록 할 것
③ 수평재는 수직재와 직각으로 설치하여야 하며, 체결 후 흔들림이 없도록 견고하게 설치할 것
④ 수직재와 수직재의 연결철물은 이탈되지 않도록 견고한 구조로 할 것
⑤ 벽 연결재의 설치간격은 제조사가 정한 기준에 따라 설치할 것

(2) 시스템 비계 조립 시의 준수 사항
① 비계 기둥의 밑둥에는 밑받침 철물을 사용하여야 하며, 밑받침에 고저차가 있는 경우에는 조절형 밑받침 철물을 사용하여 시스템 비계가 항상 수평 및 수직을 유지하도록 할 것
② 경사진 바닥에 설치하는 경우에는 피벗형 받침 철물 또는 쐐기 등을 사용하여 밑받침 철물의 바닥면이 수평을 유지하도록 할 것

③ 가공전로에 근접하여 비계를 설치하는 경우에는 가공전로를 이설하거나 가공전로에 절연용 방호구를 설치하는 등 가공전로와의 접촉을 방지하기 위하여 필요한 조치를 할 것
④ 비계 내에서 근로자가 상하 또는 좌우로 이동하는 경우에는 반드시 지정된 통로를 이용하도록 주지시킬 것
⑤ 비계작업 근로자는 같은 수직면상의 위와 아래 동시 작업을 금지할 것
⑥ 작업발판에는 제조사가 정한 최대적재하중을 초과하여 적재해서는 아니 되며, 최대적재하중이 표기된 표지판을 부착하고 근로자에게 주지시키도록 할 것

8. 걸침비계 설치 시의 준수사항(걸침비계의 구조)

① 지지점이 되는 매달림 부재의 고정부는 구조물로부터 이탈되지 않도록 견고히 고정할 것
② 비계재료 간에는 서로 움직임, 뒤집힘 등이 없어야 하고, 재료가 분리되지 않도록 철물 또는 철선으로 충분히 결속할 것. 다만, 작업발판 밑 부분에 띠장 및 장선으로 사용되는 수평부재 간의 결속은 철선을 사용하지 않을 것
③ 매달림 부재의 안전율은 4 이상일 것
④ 작업발판에는 구조검토에 따라 설계한 최대적재하중을 초과하여 적재하여서는 아니 되며, 그 작업에 종사하는 근로자에게 최대적재하중을 충분히 알릴 것

9. 비계작업 시 안전조치사항

(1) 달비계 또는 높이 5미터 이상의 비계 조립·해체 및 변경 시 준수사항 ✈

① 관리감독자의 지휘 하에 작업하도록 할 것
② 조립·해체 또는 변경의 시기·범위 및 절차를 그 작업에 종사하는 근로자에게 교육할 것
③ 조립·해체 또는 변경작업구역 내에는 당해 작업에 종사하는 근로자외의 자의 출입을 금지시키고 그 내용을 보기 쉬운 장소에 게시할 것
④ 비·눈 그 밖의 기상상태의 불안정으로 인하여 날씨가 몹시 나쁠 때에는 그 작업을 중지시킬 것
⑤ 비계재료의 연결·해체작업을 하는 때에는 폭 20센티미터 이상의 발판을 설치하고 근로자로 하여금 안전대를 사용하도록 하는 등 근로자의 추락방지를 위한 조치를 할 것
⑥ 재료·기구 또는 공구 등을 올리거나 내리는 때에는 근로자로 하여금 달줄 또는 달포대 등을 사용하도록 할 것

(2) 비계조립 · 해체 · 변경 후 작업시작 전 점검사항 ✖✖
① 발판재료의 손상여부 및 부착 또는 걸림상태
② 당해비계의 연결부 또는 접속부의 풀림상태
③ 연결재료 및 연결철물의 손상 또는 부식상태
④ 손잡이의 탈락여부
⑤ 기둥의 침하·변형·변위 또는 흔들림 상태
⑥ 로프의 부착상태 및 매단장치의 흔들림 상태

10. 작업통로의 종류 및 설치기준

(1) 가설통로 설치 시의 준수사항(가설통로의 구조) ✖✖
① 견고한 구조로 할 것
② 경사는 30도 이하로 할 것(계단을 설치하거나 높이 2미터 미만의 가설통로로서 튼튼한 손잡이를 설치한 때에는 그러하지 아니하다)
③ 경사가 15도를 초과하는 때는 미끄러지지 아니하는 구조로 할 것
④ 추락의 위험이 있는 장소에는 안전난간을 설치할 것(작업상 부득이한 때에는 필요한 부분에 한하여 임시로 이를 해체할 수 있다)
⑤ 수직갱 : 길이가 15미터 이상인 때에는 10미터 이내마다 계단참을 설치할 것
⑥ 건설공사에 사용하는 높이 8미터 이상인 비계다리 : 7미터 이내마다 계단참을 설치할 것

(2) 사다리식 통로 설치 시의 준수사항(사다리식 통로의 구조) ✖✖
① 견고한 구조로 할 것
② 심한 손상·부식 등이 없는 재료를 사용할 것
③ 발판의 간격은 일정하게 할 것
④ 발판과 벽과의 사이는 15센티미터 이상의 간격을 유지할 것
⑤ 폭은 30센티미터 이상으로 할 것
⑥ 사다리가 넘어지거나 미끄러지는 것을 방지하기 위한 조치를 할 것
⑦ 사다리의 상단은 걸쳐놓은 지점으로부터 60센티미터 이상 올라가도록 할 것
⑧ 사다리식 통로의 길이가 10미터 이상인 경우에는 5미터 이내마다 계단참을 설치할 것
⑨ 사다리식 통로의 기울기는 75도 이하로 할 것. 다만, 고정식 사다리식 통로의 기울기는 90도 이하로 하고, 그 높이가 7미터 이상인 경우에는 다음 각 목의 구분에 따른 조치를 할 것
• 등받이울이 있어도 근로자 이동에 지장이 없는 경우 : 바닥으로부터 높이가

2.5미터 되는 지점부터 등받이울을 설치할 것
- 등받이울이 있으면 근로자가 이동이 곤란한 경우 : 한국산업표준에서 정하는 기준에 적합한 개인용 추락 방지 시스템을 설치하고 근로자로 하여금 한국산업표준에서 정하는 기준에 적합한 **전신 안전대**를 사용하도록 할 것

⑩ 접이식 사다리 기둥은 사용 시 접혀지거나 펼쳐지지 않도록 철물 등을 사용하여 견고하게 조치할 것

11. 계단의 설치 ✖✖

(1) 계단의 강도 : 계단 및 계단참의 강도는 500kg/m² 이상이어야 하며 안전율(안전의 정도를 표시하는 것으로서 재료의 파괴응력도와 허용응력도와의 비를 말한다)은 4 이상으로 하여야 한다.

(2) 계단의 폭 : 1미터 이상

(3) 계단참의 높이 : 높이가 3m를 초과하는 계단에는 높이 3m 이내마다 진행방향으로 길이 1.2미터 이상의 계단참을 설치해야 한다.

(4) 천장의 높이 : 바닥면으로부터 높이 2미터 이내의 공간에 장애물이 없도록 하여야 한다.

(5) 계단의 난간 : 높이 1미터 이상인 계단의 개방된 측면에 안전난간을 설치하여야 한다.

12. 사다리의 설치 ✖✖

(1) 이동식 사다리

이동식 사다리의 구조 ✖

① 길이가 6미터를 초과해서는 안 된다.
② 다리의 벌림은 벽 높이의 1/4 정도가 적당하다.
③ 벽면 상부로부터 최소한 60센티미터 이상의 연장 길이가 있어야 한다.

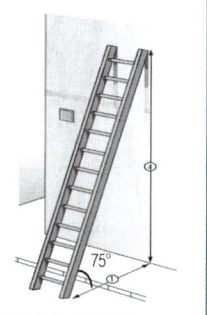

(2) 추락 방지

사업주는 추락을 방지하기 위하여 작업발판 및 추락방호망을 설치하기 곤란한 경우에는 근로자로 하여금 3개 이상의 버팀대를 가지고 지면으로부터 안정적으로 세울 수 있는 구조를 갖춘 이동식 사다리를 사용하여 작업을 하게 할 수 있다. 이 경우 사업주는 근로자가 다음 각 호의 사항을 준수하도록 조치해야 한다.

① 평탄하고 견고하며 미끄럽지 않은 바닥에 이동식 사다리를 설치할 것
② 이동식 사다리의 넘어짐을 방지하기 위해 다음 각 목의 어느 하나 이상에 해당하는 조치를 할 것
   • 이동식 사다리를 견고한 시설물에 연결하여 고정할 것
   • 아웃트리거(outrigger, 전도방지용 지지대)를 설치하거나 아웃트리거가 붙어있는 이동식 사다리를 설치할 것
   • 이동식 사다리를 다른 근로자가 지지하여 넘어지지 않도록 할 것
③ 이동식 사다리의 제조사가 정하여 표시한 이동식 사다리의 최대사용하중을 초과하지 않는 범위 내에서만 사용할 것
④ 이동식 사다리를 설치한 바닥면에서 높이 3.5미터 이하의 장소에서만 작업할 것
⑤ 이동식 사다리의 최상부 발판 및 그 하단 디딤대에 올라서서 작업하지 않을 것(다만, 높이 1미터 이하의 사다리는 제외한다.)
⑥ 안전모를 착용하되, 작업 높이가 2미터 이상인 경우에는 안전모와 안전대를 함께 착용할 것
⑦ 이동식 사다리 사용 전 변형 및 이상 유무 등을 점검하여 이상이 발견되면 즉시 수리하거나 그 밖에 필요한 조치를 할 것

13. 작업발판 설치기준 ✖✖

높이가 2미터 이상인 작업장소에는 다음 각 호의 기준에 적합한 작업발판을 설치하여야 한다.
① 발판재료 : 작업 시의 하중을 견딜 수 있도록 견고한 것으로 할 것
② 발판의 폭 : 40cm 이상으로 하고, 발판재료간의 틈 : 3cm 이하로 할 것
③ 추락의 위험성이 있는 장소에는 안전난간을 설치할 것
④ 작업발판의 지지물 : 하중에 의하여 파괴될 우려가 없는 것을 사용할 것
⑤ 작업발판재료는 뒤집히거나 떨어지지 아니하도록 2 이상의 지지물에 연결하거나 고정시킬 것
⑥ 작업에 따라 이동시킬 때에는 위험방지 조치를 할 것
⑦ 선박 및 보트 건조작업에서 선박블록 또는 엔진실 등의 좁은 작업공간에 작업발판을 설치하는 경우 : 작업발판의 폭을 30센티미터 이상으로 할 수 있고, 걸침비계의 경우 발판재료 간의 틈을 3센티미터 이하로 유지하기 곤란하면

14. 거푸집 구비조건 ✖

① 거푸집은 조립·해체·운반이 용이할 것
② 최소한의 재료로 여러 번 사용할 수 있는 형상과 크기일 것
③ 수분이나 모르타르 등의 누출을 방지할 수 있는 수밀성이 있을 것
④ 시공 정확도에 알맞은 수평·수직·직각을 견지하고 변형이 생기지 않는 구조일 것
⑤ 콘크리트의 자중 및 부어넣기 할 때의 충격과 작업하중에 견디고, 변형을 일으키지 않을 강도를 가질 것

15. 거푸집 동바리의 조립 시 준수사항 ✖

(1) 거푸집 조립 시의 안전조치

① 거푸집을 조립하는 경우에는 거푸집이 콘크리트 하중이나 그 밖의 외력에 견딜 수 있거나, 넘어지지 않도록 견고한 구조의 긴결재(콘크리트를 타설할 때 거푸집이 변형되지 않게 연결하여 고정하는 재료를 말한다), 버팀대 또는 지지대를 설치하는 등 필요한 조치를 할 것
② 거푸집이 곡면인 경우에는 버팀대의 부착 등 그 거푸집의 부상(浮上)을 방지하기 위한 조치를 할 것

(2) 동바리 조립 시의 안전조치

① 받침목이나 깔판의 사용, 콘크리트 타설, 말뚝박기 등 동바리의 침하를 방지하기 위한 조치를 할 것
② 동바리의 상하 고정 및 미끄러짐 방지 조치를 할 것
③ 상부·하부의 동바리가 동일 수직선상에 위치하도록 하여 깔판·받침목에 고정시킬 것
④ 개구부 상부에 동바리를 설치하는 경우에는 상부하중을 견딜 수 있는 견고한 받침대를 설치할 것
⑤ U헤드 등의 단판이 없는 동바리의 상단에 멍에 등을 올릴 경우에는 해당 상단에 U헤드 등의 단판을 설치하고, 멍에 등이 전도되거나 이탈되지 않도록 고정시킬 것
⑥ 동바리의 이음은 같은 품질의 재료를 사용할 것
⑦ 강재의 접속부 및 교차부는 볼트·클램프 등 전용철물을 사용하여 단단히 연결할 것
⑧ 거푸집의 형상에 따른 부득이한 경우를 제외하고는 깔판이나 받침목은 2단 이상 끼우지 않도록 할 것
⑨ 깔판이나 받침목을 이어서 사용하는 경우에는 그 깔판·받침목을 단단히 연결할 것

동바리로 사용하는 파이프서포트의 조립 시 준수사항 ☆☆

- 파이프서포트를 3개본 이상 이어서 사용하지 아니하도록 할 것
- 파이프서포트를 이어서 사용할 때에는 4개 이상의 볼트 또는 전용철물을 사용하여 이을 것
- 높이가 3.5미터를 초과하는 경우에는 높이 2미터 이내마다 수평연결재를 2개 방향으로 만들고 수평연결재의 변위를 방지할 것

시스템 동바리의 경우

- 수평재는 수직재와 직각으로 설치해야 하며, 흔들리지 않도록 견고하게 설지할 것
- 연결철물을 사용하여 수직재를 견고하게 연결하고, 연결 부위가 탈락 또는 꺾어지지 않도록 할 것
- 수직 및 수평하중에 의한 동바리의 구조적 안전성이 확보되도록 조립도에 따라 수직재 및 수평재에는 가새재를 견고하게 설치할 것
- 동바리 최상단과 최하단의 수직재와 받침철물은 서로 밀착되도록 설치하고 수직재와 받침철물의 연결부의 겹침길이는 받침철물 전체 길이의 3분의 1 이상 되도록 할 것

16. 거푸집 및 동바리의 조립·해체 등 작업 시의 준수사항

① 해당 작업을 하는 구역에는 **관계 근로자가 아닌 사람의 출입을 금지**할 것
② 비·눈 그 밖의 기상상태의 불안정으로 인하여 **날씨가 몹시 나쁜 경우**에는 그 작업을 중지할 것
③ 재료·기구 또는 공구 등을 올리거나 내릴 때에는 근로자로 하여금 **달줄·달포대** 등을 사용하도록 할 것
④ 낙하·충격에 의한 돌발적 재해를 방지하기 위하여 **버팀목**을 설치하고 **거푸집동바리** 등을 인양장비에 매단 후에 작업을 하도록 하는 등 필요한 조치를 할 것

17. 거푸집 조립 및 해체 순서 ✄

① 조립순서 : **기둥 → 보받이 내력벽 → 큰보 → 작은보 → 바닥 → (내벽) → (외벽)**
② 해체순서 : **바닥 → 보 → 벽 → 기둥**
③ 조립작업은 조립 → 검사 → 수정 → 고정을 주기로 하여 부분을 요약해서 행하고 전체를 진행하여 나가야 한다.

18. 흙막이 계측위치 선정

① 지반조건이 충분히 파악되어 있고, **구조물의 전체를 대표할 수 있는 곳**
② 중요구조물 등 **지반에 특수한 조건**이 있어서 공사에 따른 영향이 예상되는 곳
③ **교통량이 많은 곳**. 다만, 교통 흐름의 장해가 되지 않는 곳
④ 지하수가 많고, 수위의 변화가 심한 곳
⑤ 시공에 따른 계측기의 훼손이 적은 곳

제6장 공사 및 작업 종류별 안전

1. 해체공사의 사전조사 및 작업계획서 내용 ☆☆

작업명	사전조사 내용	작업계획서 내용
구축물, 건축물, 그 밖의 시설물 등의 해체작업	해체건물 등의 구조, 주변 상황 등	가. 해체의 방법 및 해체 순서도면 나. 가설설비·방호설비·환기설비 및 살수·방화설비 등의 방법 다. 사업장 내 연락방법 라. 해체물의 처분계획 마. 해체작업용 기계·기구 등의 작업계획서 바. 해체작업용 화약류 등의 사용계획서 사. 그 밖에 안전·보건에 관련된 사항

2. 양중기의 안전

(1) 양중기(산업안전보건법 기준)의 종류 ☆☆☆

① 크레인[호이스트(hoist)를 포함한다.]
② 이동식 크레인
③ 리프트(이삿짐운반용 리프트의 경우에는 적재하중이 0.1톤 이상인 것으로 한정한다)
④ 곤돌라
⑤ 승강기

(2) 양중기의 방호장치 ☆☆☆

크레인	• 과부하방지장치 • 권과방지장치(捲過防止裝置) • 비상정지장치 • 제동장치 〈기타 방호장치〉 • 훅의 해지장치 • 안전밸브(유압식)

이동식 크레인	• 과부하방지장치 • 권과방지장치(捲過防止裝置) • 비상정지장치 • 제동장치 〈기타 방호장치〉 • 훅의 해지장치 • 안전밸브(유압식)
리프트 (자동차정비용 리프트 제외)	• 권과방지장치 • 과부하방지장치 • 비상정지장치 • 제동장치 • 조작반(盤) 잠금장치
곤돌라	• 과부하방지장치 • 권과방지장치(捲過防止裝置) • 비상정지장치 • 제동장치
승강기	• 과부하방지장치 • 권과방지장치(捲過防止裝置) • 비상정지장치 • 제동장치 • 파이널리미트스위치 • 출입문인터록 • 속도조절기(조속기)

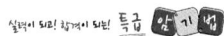

- 양중기 공통 방호장치 : 과부하방지장치, 권과방지장치, 비상정지장치, 제동장치
- 추가 설치
  리프트(자동차정비용 제외) : 조작반잠금장치
  승강기 : 파이널리미트스위치, 출입문인터록, 속도조절기(조속기)

(3) 악천후 시 조치 ☆☆☆

① 순간풍속이 초당 10미터를 초과하는 경우 : 타워크레인의 설치·수리·점검 또는 해체작업을 중지
② 순간풍속이 초당 15미터를 초과하는 경우 : 타워크레인의 운전작업을 중지
③ 순간풍속이 초당 30미터를 초과하는 바람이 불어올 우려가 있는 경우 : 옥외에

설치되어 있는 주행 크레인에 대하여 이탈방지장치를 작동시키는 등 이탈방지를 위한 조치

④ 순간풍속이 초당 30미터를 초과하는 바람이 불거나 중진(中震) 이상 진도의 지진이 있은 후 : 옥외에 설치되어 있는 양중기를 사용하여 작업을 하는 경우에는 미리 기계 각 부위에 이상이 있는지를 점검

⑤ 순간풍속이 초당 35미터를 초과하는 바람이 불어 올 우려가 있는 경우 : 옥외에 설치되어 있는 승강기 및 건설용 리프트(지하에 설치되어 있는 것은 제외한다)에 대하여 받침의 수를 증가시키는 등 승강기가 무너지는 것을 방지하기 위한 조치

(4) 작업시작 전 점검사항

크레인	① 권과방지장치·브레이크·클러치 및 운전장치의 기능 ② 주행로의 상측 및 트롤리가 횡행(橫行)하는 레일의 상태 ③ 와이어로프가 통하고 있는 곳의 상태
이동식 크레인	① 권과방지장치 그 밖의 경보장치의 기능 ② 브레이크·클러치 및 조정장치의 기능 ③ 와이어로프가 통하고 있는 곳 및 작업장소의 지반상태
리프트	① 방호장치·브레이크 및 클러치의 기능 ② 와이어로프가 통하고 있는 곳의 상태
곤돌라	① 방호장치·브레이크의 기능 ② 와이어로프·슬링와이어 등의 상태

(5) 타워크레인의 작업계획서 내용(설치·조립·해체작업)

① 타워크레인의 종류 및 형식
② 설치·조립 및 해체순서
③ 작업도구·장비·가설설비(假設設備) 및 방호설비
④ 작업인원의 구성 및 작업근로자의 역할 범위
⑤ 타워크레인의 지지 방법

(6) 양중기의 와이어로프 등 달기구의 안전계수 ☆☆☆

① 근로자가 탑승하는 운반구를 지지하는 달기와이어로프 또는 달기체인의 경우 : 10 이상

② 화물의 하중을 직접 지지하는 달기와이어로프 또는 달기체인의 경우
 : 5 이상
③ 훅, 샤클, 클램프, 리프팅 빔의 경우 : 3 이상
④ 그 밖의 경우 : 4 이상

3. 콘크리트 타설작업의 안전

(1) 콘크리트 타설 작업 시 준수사항 ✩

① 당일의 작업을 시작하기 전에 해당 작업에 관한 거푸집 동바리 등의 변형·변위 및 지반의 침하 유무 등을 점검하고 이상이 있으면 보수할 것
② 작업 중에는 감시자를 배치하는 등의 방법으로 거푸집 및 동바리의 변형·변위 및 침하 유무 등을 확인해야 하며, 이상이 있으면 작업을 중지하고 근로자를 대피시킬 것
③ 콘크리트의 타설작업 시 거푸집 붕괴의 위험이 발생할 우려가 있으면 충분한 보강조치를 할 것
④ 설계도서상의 콘크리트 양생기간을 준수하여 거푸집 및 동바리를 해체할 것
⑤ 콘크리트를 타설하는 경우에는 편심이 발생하지 않도록 골고루 분산하여 타설할 것

(2) 콘크리트의 측압 ✩✩

① 철골 or 철근량 적을수록 측압이 크다.
② 외기온도 낮을수록 측압이 크다.
③ 타설속도 빠를수록 측압이 크다.
④ 다짐이 좋을수록 측압이 크다.
⑤ 슬럼프 클수록 측압이 크다.
⑥ 콘크리트 비중이 클수록 측압이 크다.
⑦ 습도가 낮을수록 측압이 크다.

(3) 콘크리트 옹벽(흙막이 지보공)의 안정성 검토사항 ✩✩

① 전도에 대한 안정
② 활동에 대한 안정
③ 침하에 대한 안정(지반 지지력에 대한 안정)

4. 철골공사 작업의 안전

(1) 철골작업을 중지해야 하는 조건 ✖✖✖
① 풍속이 초당 10미터 이상인 경우
② 강우량이 시간당 1밀리미터 이상인 경우
③ 강설량이 시간당 1센티미터 이상인 경우

(2) 건립 중 강풍에 의한 풍압 등 외압에 대한 내력이 설계에 고려되었는지 확인하여야 할 대상(자립도 검토대상) ✖
① 높이 20미터 이상의 구조물
② 구조물의 폭과 높이의 비가 1 : 4 이상인 구조물
③ 단면구조에 현저한 차이가 있는 구조물
④ 연면적당 철골량이 50킬로그램/평방미터 이하인 구조물
⑤ 기둥이 타이플레이트(tie plate)형인 구조물
⑥ 이음부가 현장용접인 구조물

5. 인력운반 시 준수사항
① 1인당 무게는 25킬로그램 정도가 적절하며, 무리한 운반을 삼가하여야 한다.
② 2인 이상이 1조가 되어 어깨메기로 하여 운반하는 등 안전을 도모하여야 한다.
③ 긴 철근을 부득이 한 사람이 운반할 때에는 한쪽을 어깨에 메고 한쪽 끝을 끌면서 운반하여야 한다.
④ 운반할 때에는 양끝을 묶어 운반하여야 한다.
⑤ 내려놓을 때는 천천히 내려놓고 던지지 않아야 한다.
⑥ 공동 작업을 할 때에는 신호에 따라 작업을 하여야 한다.

6. 취급·운반의 5원칙 ✖
① 직선 운반을 할 것
② 연속 운반을 할 것
③ 운반 작업을 집중화시킬 것
④ 생산을 최고로 하는 운반을 생각할 것
⑤ 최대한 시간과 경비를 절약할 수 있는 운반 방법을 고려할 것

MEMO

MEMO